Frank Sieren

W0188156

Business
Know-how China

So wird Ihre Geschäftsreise
zum Erfolg

Unter Mitarbeit von:
Donata Hardenberg und
Andreas Sieren

REDLINE WIRTSCHAFT

Bibliografische Information der Deutschen Nationalbibliothek

Die Deutsche Nationalbibliothek verzeichnet diese Publikation in der Deutschen Nationalbibliografie.
Detaillierte bibliografische Daten sind im Internet über http://dnb.d-nb.de abrufbar.

ISBN: 978-3-636-01527-3

Unsere Web-Adresse:
www.redline-wirtschaft.de

© 2007 by Redline Wirtschaft, Redline GmbH, Heidelberg.
Ein Unternehmen von Süddeutscher Verlag | Mediengruppe.

Alle Rechte, insbesondere das Recht der Vervielfältigung und Verbreitung sowie der Übersetzung, vorbehalten. Kein Teil des Werkes darf in irgendeiner Form (durch Fotokopie, Mikrofilm oder ein anderes Verfahren) ohne schriftliche Genehmigung des Verlages reproduziert oder unter Verwendung elektronischer Systeme gespeichert, verarbeitet, vervielfältigt oder verbreitet werden.

Konzeption und Lektorat: Christoph Landgraf
Umschlaggestaltung: Eiler2 GmbH, München
Satz: Jürgen Echter, Redline GmbH
Druck: Holzhausen, Wien
Printed in Austria

Inhalt

Inhalt

Einleitung

Epochale Umbrüche haben eine unangenehme Eigenschaft: Sie werden als solche nicht sofort wahrgenommen. Chinas Aufstieg ist ein Beispiel dafür. Während in Deutschland noch immer viele von den alten Zeiten träumen, in denen man sich keine Gedanken darum machen musste, wie man die staatlichen Aufgaben finanziert, ist China dabei, sich und nebenbei die Welt zu verändern. Weil wir uns zu sehr auf uns konzentrieren, uns und den Westen für den Mittelpunkt der Welt halten, unterschätzen wir den chinesischen Aufbruch. Schon heute ist das Reich der Mitte nicht mehr nur die Fabrik der Welt, aus der wir unsere Schuhe, Hemden, Mobiltelefone, Notebooks und Containerschiffe und demnächst sogar den Airbus 320 beziehen. Diese Beschreibung Chinas greift viel zu kurz.

Auch als größter unter den stabilen Wachstumsmärkten der Weltwirtschaft ist Chinas neue Rolle in der Welt nicht umfassend genug beschrieben. Chinas Einfluss auf die Welt geht inzwischen schon viel tiefer und ist erstaunlich. Das Riesenland hat eine eigene Agenda: Es nutzt den marktwirtschaftlichen Wettbewerb, den Motor westlicher Gesellschaften, für seine eigenen, wenn nicht sogar eigensinnigen Zwecke. Während wir daran denken, wie China uns nützt, denken die Chinesen bereits daran, wie sie sich selbst nützen.

Während die deutschen Unternehmen trotz aller Probleme große Chancen im chinesischen Markt haben, würde ich den Spielraum der westlichen Staaten in diesem globalen Wandel als gering beurteilen. Während die Unternehmen mit den Märkten ziehen, bleibt der Staat zurück, mit schneller wachsenden Kosten als Einnahmen. Es ist nicht so, wie der wohl größte deutsche Essayist Hans Magnus Enzensberger behauptet, dass „... so wie die Menschheit sich eingerichtet hat – ‚Kapitalismus', ‚Konkurrenz' ‚Imperium' und ‚Globalisierung' – ... die Zahl der Verlierer mit jedem Tag zunimmt".

Nein, Herr Enzensberger, im Gegenteil: Die Armen der Welt werden zumindest in einer Weltregion reicher: in Asien. Zwar werden auch dort wenige schneller reich als die Mehrheit. Aber nichtsdestotrotz steigt der allgemeine Wohlstand. Die Staaten der Ersten Welt hingegen haben immer weniger Geld zur Verfügung. Für die Unternehmen gilt das

Einleitung

nicht. Sie können, wie gesagt, mit den Märkten wandern. Der Staat bleibt unter anderem auf den Arbeitslosen sitzen, die sie zurücklassen. Zugespitzt formuliert: Chinas günstige Position in der Weltwirtschaft versetzt seine Führung in die Lage, den Reichtum der Welt gerechter zu verteilen – leider auf unsere Kosten.

Dass noch nie so schnell so viel Geld und Technologie von der Ersten in die Dritte Welt gepumpt wurde wie durch die Investitionen nach China, wird der Volksrepublik weiterhin helfen. Die allmähliche Verlagerung des wirtschaftlichen Schwergewichts in Richtung Asien muss nicht etwa zu Protektionismus führen, wie es etwa Gabor Steingart in seinem Buch *Weltkrieg um Wohlstand* fordert. Das sind Methoden aus alten Zeiten. Wenn George W. Bush morgen beschließen würde, keine Produkte aus China mehr zu kaufen, hätte er übermorgen große Probleme. Denn etwa 65 Prozent dieser Produkte werden in amerikanisch-chinesischen Gemeinschaftsunternehmen hergestellt. Protektionismus schadet also der amerikanischen Wirtschaft. Und er schadet den Konsumenten, die plötzlich wieder teurere heimische Produkte kaufen müssen. Das können sie sich jedoch, wenn man die enorme Verschuldung der Privathaushalte betrachtet, gar nicht mehr leisten. Die Augen vor den Grenzen des westlichen Spielraums zu verschließen, ist also Unsinn.

Es ist der Aufstieg Chinas, der uns am meisten beschäftigen muss, der unsere Welt auf den Kopf stellt, während die gesamte Welt gerechter wird. 600 Milliarden US-Dollar haben die Industrienationen seit der Öffnung des Landes bereits nach China überwiesen; 60 Milliarden waren es allein in den beiden vergangenen Jahren. Außerdem verdient das Land an jedem exportierten „Made in China"-Produkt. 2004 betrug der Handelsbilanzüberschuss noch 32 Milliarden US-Dollar, 2005 schon 112 Milliarden – mehr als dreimal so viel. Mit ihrem guten Geschäftsmodell haben die Chinesen inzwischen 1.000 Milliarden US-Dollar an Devisenreserven angehäuft, die 120 Milliarden von Hongkong noch nicht eingerechnet. Und das, während die Auslandsschulden verschwindend gering sind, die Inflation niedrig und die Währung stabil ist.

Doch trotz dieser beeindruckenden Zahlen müssen wir uns die Frage stellen: Wie stabil ist China wirklich? Haben wir es mit einer lang anhaltenden Entwicklung zu tun oder mit einem Strohfeuer? Zwar ist der Aufschwung in China nicht gleichmäßig verteilt, aber „selbst das Einkommen der Ärmsten hat sich in den zurückliegenden 20 Jahren vervierfacht", urteilt François Bourguignon, Chefvolkswirt der Weltbank. Inzwischen hat das Land ein durchschnittliches Pro-Kopf-Einkommen von über 1.400 US-Dollar im Jahr. Noch vor 25 Jahren waren Hungersnöte nichts Ungewöhnliches; heute sind sie fast ausgeschlossen. Bourguignon geht davon aus, dass es weiter bergauf gehen wird: „In China sieht die Zukunft rosig aus."

Doch es geht bei dieser Entwicklung eben nicht nur um China. Es geht um die Welt: Zum ersten Mal in der Geschichte könnte es, wenn nichts dazwischenkommt, einem Land gelingen, den langfristigen Trend der globalen Einkommensentwicklung umzukehren. 1820 standen das Pro-Kopf-Einkommen des ärmsten und des reichsten Landes der Welt im Verhältnis eins zu drei. 1992 lag das Verhältnis schon bei eins zu 72. Dass sich durch den Aufstieg Chinas der Reichtum der Welt in den kommenden 50 Jahren gerechter verteilen wird, ist eine der wenigen Einschätzungen, bei der Wirtschafts-nobelpreisträger, eine Spezies, die nicht zum Konsens neigt, einträchtig nebeneinanderstehen. „Das Pro-Kopf-Einkommen in Ländern wie China wird schneller wachsen als in den fortschrittlicheren Ländern", lautet etwa die Einschätzung von George Akerlof. Sein Kollege Milton Friedman stimmt ihm zu: „Der Hauptgrund für das heutige Ungleichgewicht liegt im Unterschied zwischen entwickelten und unterentwickelten Ländern. Dieser Unterschied wird im Rahmen der Globalisierung geringer." Selbst Joseph Stiglitz, die Leitfigur der Globalisierungskritiker, ist sich sicher: „Die Chinesen werden ein höheres Einkommen haben. Selbst wenn China nicht mehr so stark wachsen wird wie in den letzten 25 Jahren, wird sich das Ungleichgewicht zwischen China, der EU und den USA weitgehend reduzieren."

Paradoxerweise ist also durch Chinas Aufstieg längst im Gange, was die Globalisierungskritiker auf ihren Demonstrationen fordern. Nicht der Druck der Kritiker hat jedoch die Welt verändert, sondern ausgerechnet die Eigendynamik der weltumspannenden Wirtschaftsverflechtung, die sie anprangern.

Dennoch bleiben viele skeptisch: Nach unserer herkömmlichen Sichtweise müsste die chinesische Kombination aus Milliarden Menschen, Korruption, Diktatur und Kapitalismus ein Pulverfass sein, das ein einziger Funke zur Explosion

Einleitung

bringen könnte. Seit 25 Jahren wartet die Welt nun schon auf den Zusammenbruch des roten Riesen.

Doch das Gegenteil ist passiert – zumindest bisher. China boomt, wird täglich stärker und ist inzwischen zum wichtigsten Stabilitätsfaktor Asiens geworden.

Die Chinesen sind nicht nur viele. Das sind die Inder auch. Sie folgen uns auch nicht einfach nach, unbekümmert wie das jüngste Kind in der Großfamilie. Vielmehr: Die politische Führung Chinas hat es über mehrere Generationen geschafft, China unter den gegebenen Umständen eine Perspektive zu geben. Einer der wichtigsten Faktoren im Vergleich zu Indien ist Chinas Fähigkeit der Führung. Was die Regierung beschließt, wird in der Regel auch durchgesetzt. Das hat mit einer langen Verwaltungstradition zu tun und ist wahrscheinlich der größte Vorteil gegenüber Indien. Und weil das in China so ist, hat die Regierung immer mehr Geld und damit auch immer mehr Macht. Und die Macht versetzt China auch immer stärker in die Lage, die Spielregeln der Welt mitzubestimmen.

Auf die Hoffnung, dass China über seine Füße stolpert, sollten wir uns nicht verlassen. Nicht dass China keine Probleme hätte. Gerade sein größtes Potenzial ist auch sein größter Fluch – die riesige Bevölkerung. Der Aufbau eines Sozialsystems, das 1,3 Milliarden Menschen mit wenigstens minimalen Standards an Ernährung, medizinischer Versorgung und Ausbildung versorgt, überschreitet Chinas derzeitige Kapazitäten bei Weitem. Doch das muss nicht so bleiben.

Doch dass die Menschenrechtsverletzungen und die sozialen Probleme in einen wirtschaftlichen Kollaps münden, gilt derzeit als die eher unwahrscheinliche Variante.

Wir sollten uns also darauf einstellen, dass es in China auf Dauer beides nebeneinander geben wird – makroökonomische Stabilität und soziales Chaos, Aufschwung und Korruption, Diktatur und Freiheit. Und China hat zumindest das Geld, um seine Problemzonen in den Griff zu bekommen.

Die Verlagerung des wirtschaftlichen und politischen Gewichts nach Asien macht deutlich, dass Deutschland sich nicht etwa in einer Konjunkturkrise befindet, die mit ein wenig Lebensmut, guter Stimmung und Energiedrinks zu überwinden wäre.

Wir müssen lernen, die Welt mit den Augen der anderen zu sehen. Nur so kommen wir der eigentümlichen Klarheit auf die Spur, die den chinesischen Strategien innewohnt; nur so können wir uns darauf einstellen und unsere Überzeugungen wirkungsvoll vertreten. Wie sagte der Schriftsteller Max Frisch schon 1975 sehr weitsichtig: „Wir sind nicht das Wunschbild der Chinesen, unser Urteil ist nicht das Maß für ihre Anstrengungen." Das sollten wir uns hinter die Ohren schreiben und dabei nicht vergessen: Selbst als Europäer sind wir nur eine unbedeutende Minderheit.

Deshalb ist Chinas Führung beispielsweise sehr daran interessiert, dass die neue Weltordnung möglichst demokratisch wird, auch wenn man das für die innenpolitischen Verhältnisse nicht wirklich behaupten kann. Der Grund dafür liegt auf der Hand: China hätte dann mit 1,3 Milliarden Menschen die einfache Mehrheit im Weltparlament; Asien hätte mit gut 3,8 Milliarden Menschen die absolute, gefolgt von Nord- und Südamerika mit 870 Millionen und Europa mit 780 Millionen Menschen. Europa und die USA hingegen mögen ein Interesse daran haben, dass China demokratisch wird, aber dass die Welt demokratisch wird, kann nicht in ihrem Interesse sein. In dieser Hinsicht ähnelt die Lage Deutschlands der des deutschen Adels an der Wende zum 20. Jahrhundert. Er konnte sich nicht vorstellen, dass gemeine Bürger zu Spitzenpolitikern aufsteigen könnten. Manche von ihnen brauchten das gesamte Jahrhundert, um sich daran zu gewöhnen, dass sich nur noch die Regenbogenpresse für sie interessierte. Am Ende mussten sie sich eingestehen, dass der Kampf gegen solche Entwicklungen aussichtslos ist. Heute sind wir der Adel der Welt. Und je früher wir uns darauf einstellen, dass sich unsere Position relativiert, desto besser. Unter diesen Bedingungen werden wir eine Marktnische finden müssen. Hoffentlich werden wir dabei etwas einfallsreicher sein als der europäische Adel. Denn, so formuliert es der ehemalige Goldman-Sachs-Chef John Thornton, der heute an der Pekinger Eliteuniversität Tsinghua lehrt: „Chinas Aufstieg ist das wichtigste geopolitische Ereignis in unserem Leben."

Die globale Risikogesellschaft konfrontiert uns mit neuen Herausforderungen. Vergessen wir lieber die Hoffnung, Deutschland könne vom chinesischen Boom genügend abbekommen, um seinen hohen Lebensstandard halten zu können. Der chinesische Aufschwung findet in China statt und nirgendwo sonst. Denn die chinesische Regierung muss Jobs für rund 200 Millionen Arbeitslose schaffen; auf Deutschlands knapp fünf Millionen kann sie dabei keine Rücksicht nehmen.

Einleitung

Die Zukunft ist bereits auf dem Weg. Junge Chinesen erzählen mit Begeisterung von ihren Deutschlandreisen, vom innigen Verhältnis der Deutschen zur eigenen Tradition und der Liebe zur Präzision. Doch genau aus dieser Nostalgie und Detailversessenheit mag der mutige Schritt zurück in die schnelle Wirklichkeit nicht gelingen. Für die Chinesen sind die Deutschen schon heute pittoreske Exoten, vorsichtige Pfleger traditioneller Lebensart, Spezialisten fürs Detail, Bewahrer alter Substanz und liebgewonnener gesellschaftlicher Strukturen. Nur diejenigen, die sich aktiv mit China auseinandersetzen, haben eine Zukunft.

Vor der Reise:
Was Sie beachten und
was Sie mitnehmen sollten

Checkliste

- Visum: Für die Einreise in die VR China braucht man ein Visum, das von diplomatischen Vertretungen der Volksrepublik China z. B. in Berlin, Frankfurt oder München ausgestellt wird. Dazu braucht man: Reisepass, der sechs Monate über den Ausreisezeitpunkt gültig ist, sowie ein Antragsformular mit Lichtbild.
(Hongkong kann bis zu drei Monaten visumsfrei bereist werden.)

- Impfungen: Bei Direktflügen aus Europa sind zwar keine Impfungen zwingend vorgeschrieben. Der Impfschutz gegen Tetanus, Diphtherie, Hepatitis A und Polio wird jedoch empfohlen, je nach Reisegebiet und Reisedauer auch eine Malariaprophylaxe.

- Zollbestimmungen lesen. Wenn Sie beispielsweise viele Kleidungs-Samples im Gepäck haben, könnte es Probleme mit dem Zoll geben. Daher sollten diese angemeldet werden.

- Installieren Sie unbedingt ein aktualisiertes Antivirenprogramm auf Ihrem Notebook.

- Grundsätzlich gibt es in den großen Städten mittlerweile alles zu kaufen, auch Seife, Haarshampoo, Deodorant und Zahnseide. Dennoch sollten Sie Ihre gewohnten Hygieneartikel mitbringen, wenn sie auf bestimmte Marken Wert legen. Auch Kleidung kann man in Städten wie Shanghai und Peking problemlos kaufen - Ausnahmen: Übergrößen und Schuhe ab Größe 43 sowie Baumwollsocken.

- Die in Europa gängigen Medikamente gibt es auch in China, allerdings ist eine kleine Reiseapotheke zu empfehlen: Mittel gegen Magen-Darm-Beschwerden, Mittel gegen Fieber und Schmerzen, Medikamente, die Sie regelmäßig einnehmen müssen.

- Sonnencreme und Mückenmittel sind vor allem im Süden Chinas, aber auch in Peking während des Sommers empfehlenswert. Zwar gibt es Sonnencreme, allerdings enthält sie in China meistens Bleichmittel.

- als Kontaktlinsenträger: Linsenflüssigkeit, da die Qualität der chinesischen Flüssigkeit unter Ausländern umstritten ist.

Vor der Reise

- Ladegeräte und Kabel für Mobiltelefon etc.

- Mehrfachadapter (Reisestecker)

- ausreichend Visitenkarten, wenn möglich auf jeweils einer Seite englisch und chinesisch.

- Kreditkarte bzw. EC-Karte

- Pass, Flugticket, evtl. eine Kopie von Pass und Führerschein, falls Sie sich ein Auto mieten wollen.

- Ohropax, da es in chinesischen Hotels sehr laut sein kann

- Gastgeschenke (vgl. Kapitel 5.3)

- dem Klima und dem Zweck ihrer Reise angepasste Kleidung (vgl. Klima, Kap. 1.1, und Geschäftskleidung, Kap. 5.4)

- evtl. einen Sprachführer (vgl. Literaturverzeichnis)

1. Geografie

1.1 Kurze Beschreibung des Landes: Lage, Fläche, Grenzen

China liegt in Ostasien mit dem geografischen Zentrum von 35 Grad nördlicher Länge und 105 Grad östlicher Breite. Mit einer Fläche von etwa 9.600.000 Quadratkilometern ist China nach Russland und Kanada **das drittgrößte Land der Erde** (entspricht etwa der Fläche der USA oder Europas bis zum Ural). China ist allerdings mit über 1,3 Milliarden Menschen das Land mit den meisten Einwohnern. Das Reich der Mitte hat mit 14 Staaten die meisten direkten Nachbarn in der Welt. Im Nordosten und Norden grenzt China an die Demokratische Volksrepublik Korea (Nordkorea), die Russische Föderation und die Mongolei. Im Westen und Südwesten teilt sich China die Grenze mit den zentralasiatischen Republiken Kasachstan, Kirgistan und Tadschikistan sowie Afghanistan, Pakistan und Indien. Im Süden schließen sich Nepal, Bhutan, Myanmar, Laos und Vietnam an. Die längste Grenze hat China mit der Mongolei (4.677 km), Russland (3.605 km) und Indien (3.380 km), die kürzeste Grenze besteht mit Afghanistan (76 km).

Landesnatur

China, das *Reich der Mitte*, ist eingerahmt im Norden von der Gobi-Wüste, im Westen vom Himalaya-Gebirge und im Osten und Süden von der 18.000 Kilometer langen Küste des Ost- und Südchinesischen Meeres. Die Hauptflüsse in China, der Gelbe Fluss und der Jangtse, fließen dementsprechend von Westen nach Osten. Entlang dieser beiden Flüsse findet man die fruchtbarsten Böden in China. Die Tiefebenen von Ostchina haben ebenfalls fruchtbare Böden und sind am dichtesten bevölkert. Der höchste Punkt des Landes ist mit 8.848 Metern der Gipfel des **Mount Everest** im Süden Tibets an der Grenze zu Nepal. Während vieler Dynastien in China formten die hohen Berge und tiefen Täler der Yunnan-Provinz eine natürliche Grenze zu den Nachbarländern Burma, Laos und Vietnam. Yunnan wird auch häufig zur größeren Mekong-Region gezählt, zu der auch Burma, Laos, Thailand, Kambod-

Geografie

scha und Vietnam gehören. Der niedrigste Landespunkt ist mit 154 Metern unterhalb der Meeresgrenze die Senke von Xinjiang im Nordwesten des Landes. Der Süden Chinas ist geprägt von niedrigen Bergketten und Hügeln. Von Norden nach Süden Chinas sind es etwa 4.500 Kilometer, von Westen nach Osten etwa 4.200 Kilometer.

Der **Jangtse** (*der Lange Fluss*) ist mit etwa 6.350 Kilometern nicht nur der längste Fluss Chinas, sondern auch **der längste Fluss Asiens** und nach dem Amazonas in Südamerika und dem Nil in Afrika der drittlängste Fluss der Welt. Im Einzugsgebiet des Jangtse leben über 350 Millionen Menschen (etwa ein Viertel der chinesischen Bevölkerung), und es befinden sich dort mehr als 50 Prozent der Landwirtschaftsproduktion und über 40 Prozent der Industrieproduktion Chinas. Der Jangtse entspringt in Tibet und fließt im Oberlauf durch die drei Schluchten Qutang, Wuxia und Xiling. Dort wurde im Mai 2006 der Drei-Schluchten-Staudamm in Betrieb genommen. Über zwölf Jahre dauerte die Bauzeit des umstrittenen Großprojektes, und jahrelang diskutierten verschiedene Lobbygruppen darüber, ob der Damm notwendig sei. Befürworter des Drei-Schluchten-Damms heben die verbesserte Hochwasserkontrolle, Schiffbarkeit und Energiegewinnung hervor. Kritiker hingegen warnen vor unvorhersehbaren ökologischen Folgen und soziokulturellen Auswirkungen des Großprojektes. Millionen von Anwohnern mussten durch den Bau des Damms permanent umgesiedelt werden. Durch Abholzung der Wälder am Oberlauf des Jangtse in Osttibet besteht die Gefahr einer Verschlammung des Staudamms. Das deutsche Unternehmen Siemens lieferte Wasserturbinen und Generatoren für den Drei-Schluchten-Damm. Der Stausee, wenn einmal komplett gefüllt, wird 600 Kilometer lang und 180 Meter tief sein. Im weiteren Verlauf passiert der Jangtse wichtige Städte wie Chongqing, Wuhan, Nanjing, kreuzt den Kaiserkanal bei Yangzhou und mündet in Shanghai ins Ostchinesische Meer.

Klima, Wetter

Aufgrund der Größe des Landes ist Chinas Klima sehr vielseitig. **Norden, Nordosten und Westen des Landes sind stark von Kontinentalklima geprägt**: langen und bitterkalten Wintern folgen kurze und heiße Sommer. Von Dezember bis März steigt die Temperatur in Peking kaum über den Gefrierpunkt, und starke Winde aus der mongolischen Ebene erzeugen einen deutlich spürbaren und unangenehmen Windkältefaktor. Im Sommer hingegen liegt die Temperatur meist bei weit über 30 Grad im Schatten. **Der Süden Chinas hingegen ist subtropisch bis tropisch** (vor allem von April bis September), wobei der Südwesten milde, von den Bergen geprägte Sommer hat. Im Süden Chinas kann man häufig noch im Dezember schwimmen, obwohl der kurze Winter von Januar bis März recht kühl sein kann. Die zentralchinesischen Küstenregionen liegen am Rande des ostasiatischen Taifungürtels und sind häufig zwischen Juli und September heftigen tropischen Stürmen ausgesetzt. Extreme klimatische Bedingungen herrschen auf dem kargen Hochplateau von Tibet, in der trockenen Wüste von Xinjiang und in der Inneren Mongolei. Hier sind die Winter kalt und trocken, aber in der Regel klar. Temperaturen liegen hier meistens weit unter dem Gefrierpunkt. In Urumqi steigt die Temperatur im Winter selten über – 10 Grad. Tibet kann recht angenehm im Mittsommer sein, wenn das das Wetter warm und trocken ist. Xinjiang hingegen ist im Sommer sehr heiß, aber trocken, also lange nicht so schwül wie alle anderen Landesteile. Das Tal des Gelben Flusses markiert eine Temperaturgrenze. Nördlich davon haben Häuser in der Regel Heizungen installiert, um dem kalten Winter zu trotzen. Im Tal des Jangtse, vor allem im Gebiet der Großstädte Chongqing, Wuhan und Nanjiing, gibt es Regen während des ganzen Jahres und die Sommer dort sind feuchtheiß. China versucht, seine weitreichenden Umweltbelastungen in den Griff zu bekommen. **Probleme**, mit denen das Land zu kämpfen hat, umfassen **Überschwemmungen, Wasser- und Luftverschmutzung und Bodenerosion.** Im Frühling ist Peking zudem oft von Ausläufern von Sandstürmen betroffen, die der Westwind von der Wüste Gobi bringt.

Die beste Reisezeit in China ist Frühling und Herbst, da die Winter vor allem im Norden des Landes in der Regel bitterkalt sind und die Sommer unangenehm heiß sein können.

China hat nur eine Zeitzone und benutzt keine Sommerzeit. **Im Sommer ist China 6 Stunden vor Deutschland, im Winter sind es 7 Stunden.**

1.2   Infrastruktur (Verkehrsnetz)

China ist ein Land mit weiten Distanzen. Die Entfernung von Peking nach Shanghai beträgt etwa 1.500 Kilometer, bis nach Guangzhou sind es fast 2.300 Kilometer, und nach Urumqi weit im Westen des Landes sind es sogar mehr als 3.700 Kilometer.

Flugzeug

Das bequemste und schnellste Verkehrsmittel ist daher das Flugzeug. **Die drei wichtigsten Flughäfen Chinas sind Peking, Shanghai und Hongkong** mit sehr guten Verbindungen zu wichtigen Flughäfen in der ganzen Welt. Pekings Hauptstadt-Flughafen und Shanghais Pudong-Flughafen sind hochmoderne Großflughäfen und wurden vor Kurzem erst fertiggestellt. Der Hauptstadtflughafen in Peking gehört zu den zehn Flughäfen weltweit mit dem höchsten Fluggastaufkommen und soll bis zu den Olympischen Spielen 2008 erweitert und vergrößert werden. **Das innerchinesische Flugnetz ist gut ausgebaut** und wird im Rahmen der rasanten wirtschaftlichen Entwicklung stetig erweitert. Es ist anzunehmen, dass sich die Zahl der zivilen Verkehrsflugzeuge in den kommenden zwei Jahrzehnten verdreifachen wird. Die chinesische Regierung geht davon aus, dass China bis zum Jahre 2020 zum meistbesuchten Touristenziel der Welt aufsteigen wird, und dementsprechend hat die Entwicklung der Flug-Infrastruktur hohe Priorität. Flughäfen werden im ganzen Land modernisiert und bieten Reisenden guten Service an. **Vier große Airlines** teilen sich den hart umkämpften nationalen Markt: **Air China** (www.airchina.com.cn), **China Eastern Airlines** (www.ce-air.com), **China Southern Airlines** (www.cs-air.com) und **China Southwest Airlines** (www.cs-wa.com). Informationen zu Flügen sind in der Regel auch auf Englisch auf den entsprechenden Internetseiten erhältlich. Zusätzlich bringt die chinesische zivile Flugbehörde jeweils im April und November den Flugplan für sämtliche internationalen und nationalen Flüge heraus. Einige dieser Airlines unterhalten auch kleinere Regionalfluggesellschaften. Inlandsflüge kosten relativ wenig im Vergleich zu anderen Ländern. **Flugtickets kann man problemlos bei den Vertretungen der jeweiligen Fluggesellschaften oder in Reisebüros buchen.** Mit Engpässen ist jedoch während

Feiertagen zu rechnen, vor allem während des chinesischen
Neujahrsfests. Der Komfort und Service der Airlines hat stark
zugenommen und Flüge sind mittlerweile recht sicher und
verlässlich geworden.

Im Eilschritt lässt Premierminister Wen Jiabao derzeit den
letzten großen Industriezweig erschließen, in dem China
bisher noch nicht tätig ist: den **Flugzeugbau**. Nachdem Wen
grünes Licht gab, um die **Airbus 320-Familie** in der Hafenstadt Tianjin zu bauen, kündigte er ebenfalls an, dass die
Chinesen auch ein eigenes Flugzeug bauen werden: den 70-
bis 110-sitzigen Regionaljet ARJ 21. Der Turboprob Flieger, an
dessen Entwicklung die Chinesen nach eigenen Angaben
schon seit 2002 arbeiten, soll seinen Jungfernflug bereits im
Olympiajahr 2008 haben und ein Jahr später in Serie gehen.
Der größte Kunde ist der Lufthansapartner Shanghai Airlines.
Das Flugzeug wird in Peking gebaut, am Sitz des Flugzeugher-
stellers China Aviation Industry Corporation AVIC I: Das
Flugzeug wird eine Reichweite von 3.600 Kilometer haben.
An dem Projekt sind 19 internationale Zulieferer beteiligt.
Welche Firmen dazu gehören, ist derzeit noch geheim. Allein
China braucht in den kommenden 20 Jahren mindestens 600
Flugzeuge dieser Größe, die etwa 10 Prozent der Gesamtflot-
te ausmachen. Der Bedarf des internationalen Marktes liegt in
diesem Zeitraum bei 4.000 Stück. Vor allem in Asien und
Afrika soll ein großer Markt für das Flugzeug bestehen. Mit
dem Regionalflugzeug-Produktionsort Peking und dem Air-
bus-Produktionsort in der 10-Millionen-Stadt Tianjin 120 Kilometer südöstlich von Peking **wird der Großraum Peking** mit
knapp 25 Millionen Einwohnern **zu Chinas wichtigstem
Standort in der Flugzeugproduktion**, nachdem Shanghai
bereits einen Schwerpunkt in der Autoherstellung einnimmt.

Auto, Bus

In den vergangenen Jahren wurde das Straßennetz in China
stark ausgebaut. Vor allem **Autobahnen** entstanden flächen-
deckend und verbinden jetzt wichtige Ballungszentren miteinander. Das Netz ist bekannt als **National Trunk Highway
System** (NTHS). Über 45.000 Kilometer Autobahnen (2006)
wurden seit 1988, als das Autobahnprojekt begann, in China
gebaut. Das entspricht dem **zweitlängsten Autobahnnetz
der Welt** nach den USA und der Summe der Autobahnen von
Deutschland, Kanada und Frankreich. In den vergangenen

Geografie

Jahren wurden 5.000 km pro Jahr hinzugefügt und die Regierung strebt an, bis 2020 etwa insgesamt 85.000 Kilometer Autobahnen gebaut zu haben. Alle Provinzstädte mit über 200.000 Einwohnern sollen dann an das Autobahnnetz angeschlossen sein. Derzeit konzentriert sich die Regierung beim Bau neuer Straßen auf den unterentwickelten Westen. Die jährlichen Kosten belaufen sich etwa auf 12 bis 18 Milliarden US-Dollar. Das Geld stammt aus Steuern von Autoverkäufen, Steuereinnahmen der Provinzregierungen und Erlöse von Investitionen der Pekinger Nationalregierung. Private Firmen sind mit dem Bau von den jeweiligen Provinzregierungen beauftragt. Über Aktienanleihen haben die Baufirmen die Autobahnen vorfinanziert und versuchen, das Geld über Autobahnbenutzungsgebühren (etwa 0,5 Yuan pro Kilometer) wieder einzunehmen. Die ursprüngliche Idee der Kommunistischen Partei und des Staatsrates, die Autobahnen über eine Kraftstoffsteuer zu finanzieren, scheiterte an der mangelnden Zustimmung des Nationalen Volkskongresses. Das war ein seltenes Beispiel, in dem die Zentralregierung nicht in der Lage war, eine wichtige politische Entscheidung durchzusetzen. Autobahnbenutzer in China müssen eine **Geschwindigkeitsbeschränkung von 120 km/h** einhalten. Die **Schilder auf den Autobahnen sind grün mit weißer Schrift** ähnlich wie in der Schweiz, den USA und in Japan. In regelmäßigen Abständen findet man Raststätten mit Tankstellen. Ausfahrten sind nummeriert und 3 Kilometer im Voraus angekündigt. **Fernreisebusse** sind ein beliebtes, wenn auch gefährlicheres Verkehrsmittel als das Flugzeug und werden hauptsächlich dort benutzt, wo es keine Bahnlinien gibt. Viele der Busse sind luxuriös ausgestattet und das Netzwerk ist sehr gut ausgebaut. Manche Fernstrecken werden sogar von sogenannten Schlafbussen bedient, die entweder mit zurücklehnbaren Sitzen oder sogar Betten ähnlich wie in Liegewagen ausgestattet sind. China hat genau wie Kontinentaleuropa oder Nordamerika **Rechtsverkehr**. Mit der Ausnahme von Autobahnen ist der **Verkehr in China recht chaotisch** und die Zahl von Unfällen liegt weit über der in westlichen Ländern, obwohl die Verkehrsdichte wesentlich geringer ist. Obwohl die meisten Überlandstraßen erneuert oder neu gebaut wurden, sind einige Straßen immer noch in schlechtem Zustand. Das gilt vor allem für den Südwesten Chinas. **In Städten benutzt man am besten Taxis** zur Fortbewegung, auch wenn die Fahrer in der Regel wenig oder kein Englisch sprechen.

Bahn

China hat vor Indien **das längste Eisenbahnnetz der Welt**. Alle Provinzen sind an das Netz angeschlossen, wobei die Eisenbahndichte von Osten nach Westen erheblich abnimmt. Züge sind stark ausgelastet und verkehren hauptsächlich im Fernverkehr. Die neuen klimatisierten und sauberen Intercity-züge haben das veraltete System von Schnellzügen abgelöst. Alle Fernzüge haben einen Speisewagen. Am komfortabels-ten reist man im Soft Sleeper (1. Klasse), der dem Reisenden ein abschließbares Abteil mit bequemen Betten, Holzverklei-dung, Gardinen, Teppich und gutem Service bietet. Hard Sleeper (Liegewagen) und Hard Seat (3. Klasse) sind trotz des authentisch chinesischen Erlebnisses eher zu vermeiden. Tickets für Soft Sleeper sind limitiert und sollten einige Tage im Voraus gebucht werden. In der Regel sind die Gleisanlagen in einem guten, fast schon westlichen Zustand und können streckenweise auch Hochgeschwindigkeitszüge tragen. Unfäl-le auf Chinas Eisenbahnstrecken sind – anders als etwa in Indien – selten. **Züge fahren strikt nach Fahrplan und sind normalerweise pünktlich.** Peking und Nordchina sind mit Europa durch die **Transsibirische Eisenbahn** verbunden. Die Fahrt von Peking über Moskau nach Berlin, eine der bekann-testen und spannendsten Zugreisen der Welt, dauert etwa eine Woche. Es gibt zwei verschiedene Strecken, eine führt durch die Mongolei und ist etwas kürzer als die durch die Manschurei verlaufende. Peking hat auch eine direkte Bahn-verbindung in die vietnamesische Hauptstadt Hanoi, die ein Zug in etwa 36 Stunden schafft. Von 2001 bis 2006 wurden auch Gleise in die autonome Provinz Tibet verlegt. Diese Eisenbahnstrecke, die die höchste der Welt ist, verbindet die Provinz Qinghai mit der tibetischen Hauptstadt Lhasa. Die Hälfte der knapp 2.000 Kilometer langen Strecke verläuft über 4.000 Meter, ein Viertel über permanent gefrorene Böden. Letzteres erforderte besondere Ingenieurfähigkeiten. Der Scheitelpunkt der sogenannten **Lhasa-Bahn** sowie der höchste Bahnhof liegen sogar knapp über 5.000 Metern. Aufgrund der Höhe haben die Waggons Sauerstoffversorgung für die Fahrgäste. In Gedenken an den 85. Jahrestag der

Geografie

Gründung der Kommunistischen Partei Chinas wurde die Strecke am 1. Juli 2006 offiziell eröffnet.

Boot

Boote spielen als Transportmittel in China eher eine untergeordnete Rolle und sind meistens auf die ostchinesichen Küstenregionen begrenzt. Auf einigen Flüssen gibt es **Bootsreisen**, die allerdings stark auf Touristen zugeschnitten sind. Zu den bekanntesten zählen die **dreitägige Bootstour auf dem Jangtse von Chongqing nach Wuhan**, die kurze Fahrt von Guilin nach Yangshuo auf dem Li-Fluss und eine Bootsfahrt auf dem Kaiserkanal von Hangzhou nach Suzhou. Hongkong kann von Guangzhou auch per Boot angesteuert werden.

Während bis in die 1980er Jahre die Bahn den Transport der Massen in China gewährleistet hat, setzt die chinesische Regierung seit den 1990er Jahren mehr auf den Ausbau des Straßennetzes und des Flugverkehrs. Das liegt daran, dass sich mehr Chinesen entweder Flugtickets oder selbst Autos leisten können. Diese Verkehrsentwicklung macht China langfristig wesentlich abhängiger von Erdöl als von anderen fossilen Brennstoffen. **Verkehrsprobleme**, wie man sie von anderen Städten weltweit kennt, **machen mittlerweile auch chinesischen Städten** zu schaffen. Autos drängen sich in Staus Stoßstange an Stoßstange, verschmutzen die Umwelt und verstopfen die Straßen. Autos auf Chinas Straßen haben sich von 1 Million Autos 1990 auf 152 Millionen im Juni 2007 vervielfacht.

2. Geschichte und Politik

2.1 Zeittafel

2100–1600 v. Chr.	Xia-Dynastie
1600–1025 v. Chr.	Shang-Dynastie
1025–256 v. Chr.	Zhou-Dynastie: Feudaler Staat mit zentralem Königsland, umgeben von Lehnsstaaten
600 v. Chr.	Erfindung des Eisenpflugs
770–481 v. Chr.	Die Frühlings- und Herbst-Periode
580–500 v. Chr.	Lao Tse
551–479 v. Chr.	Konfuzius
400 v. Chr.	Erfindungen: Pferdegeschirr, Handkurbel, Kolbenblasebalk, Drachen und Drachenflieger, Armbrust, Giftgas, Rauchbomben, Tränengas
440–221 v. Chr.	Die streitenden Reiche (Aufteilung Chinas in Einzelstaaten)
ca. 370–290 v. Chr.	Mencius (Philosoph, Weiterentwicklung des Konfuzianismus)
300 v. Chr.	Binnenschifffahrtskanal (Kaiserkanal)
221–206 v. Chr.	Qin-Dynastie (Errichtung eines zentralen Einheitsstaates, Verwaltungssystem mit Beamten, Terrakotta-Armee in Xi'an)
206 v. Chr.–220 n.Chr.	Han-Dynastie (Gründung des Beamtenstaates)
200 v. Chr.	Erfindung: Papier, Stahlerzeugung aus Gusseisen
100 v. Chr.	Erfindungen: Treibriemen, Schubkarre
1. Jh.	Erfindungen: magnetischer Kompass, Hängebrücke
2. Jh.	Erfindungen: Seismograf, quantitative Kartografie, mehrmastige Segelschiffe, Schonertakelung, wasserdichte Schotten im Schiffsrumpf
3. Jh.	Erfindungen: Porzellan, kybernetische Maschine, eiserne Brücke, Angelrolle, biologische Schädlingsbekämpfung
220–265	Zeit der 3 Reiche
265–420	Jin-Dynastie

Geschichte und Politik

4. Jh.	Erfindung: Propeller
5. Jh.	Erfindungen: Grundprinzip der Dampfmaschine, Schaufelradantrieb für Schiffe
420–581	Nördliche und Südliche Dynastien: Trennung von Nord- und Südchina
6. Jh.	Erfindungen: Segelwagen, Streichhölzer
581–618	Sui-Dynastie: Erneute Einigung des Reiches
618–907	Tang-Dynastie: Kulturelle und wirtschaftliche Blütezeit, Hochzeit der chinesischen Lyrik
8. Jh.	Erfindungen: Blockdruck, mechanische Uhr
9. Jh.	Erfindungen: Papiergeld, Schießpulver
907–960	Zeit der Fünf Dynastien
10. Jh.	Erfindungen: Pockenimpfung, Kanalschleuse, Flammenwerfer, Feuerwerkskörper, Bomben und Granaten mit weichen Hülsen
960–1279	Song-Dynastie: zweite wirtschaftliche und kulturelle Blütezeit trotz politischer Instabilität
11. Jh.	Erfindungen: Drucktechnik mit beweglichen Lettern, Spinnrad, Raketen
1162–1227	Dschingis Khan (1206 Einigung der Mongolen, seit 1211 Krieg mit Nordchina, 1215 Eroberung Pekings)
12. Jh.	Erfindung: Feuerlanze
13. Jh.	Erfindungen: Bomben mit Metallhülsen, Landminen, Kanonen, Mörser
1279–1368	Yuan-Dynastie: Herrschaft der Mongolen unter Kublai Khan; Marco Polo ist in China
14. Jh.	Erfindungen: Seeminen, mehrstufige Raketen
1368–1644	Ming-Dynastie: Aufteilung des Reiches in Provinzen. Zentralisierung von Herrschaft und Verwaltung. Stärkung der Macht der Mandarine
1371–1433	Zheng He (Seefahrer, unternimmt Expeditionen nach Westen bis an die ostafrikanische Küste)
1644–1911	Qing-Dynastie der Mandschu, löst die Regierung der Han-Chinesen ab.
1839–1842	Erster Opiumkrieg, erste Niederlage Chinas gegen den Westen

Zeittafel

1842	Vertrag von Nanjing (Nanking): China öffnet sich der westlichen Welt; Abtretung Hongkongs an Großbritannien
1851–1864	Taiping-Aufstand unter Führung von Hong Xiuquan
1853	Einnahme der alten Kaiserstadt Nanjing (Nanking) durch die Taiping-Rebellen
1856–1860	Zweiter Opiumkrieg
1860	Besetzung Pekings durch die Briten und die Franzosen: Zerstörung des Sommerpalastes
1894/95	Chinesisch-japanischer Krieg
1895	Vertrag von Shimonoseki: Formosa (Taiwan) fällt an Japan
1897–1914	Qingdao (Tsingtao) ist deutsche Kolonie
1900–1901	Boxeraufstand
März 1900	„Hunnenrede" Wilhelms II.
1911–1949	Xinghai-Revolution: Ende des Kaiserreichs: Republik China
1912	Sun Yatsen, Gründer der Guomindang (Kuomintang, Nationale Volkspartei), ruft die Republik aus; erster Präsident: Yuan Shikai
1916	Tod Yuan Shikais
1916–1927/28	Warlord-Periode: regionale Zersplitterung
1919	4.-Mai-Bewegung
1923–1927	Erste Einheitsfront: Zusammenschluss der Guomindang (Kuomintang) und der Kommunistischen Partei Chinas (gegründet 1921) gegen regionale Warlords
1925	Tod Sun Yatsens
1926–1928	Nordfeldzüge gegen die Warlords Eroberung Pekings durch die Guomindang (Kuomintang), 1928
1927–1937	Erster Bürgerkrieg in China
1934–1935	Langer Marsch der Kommunistischen Partei, u.a. unter der Führung Mao Zedongs
1937	„Nanjing-Massaker"; Japanische Besetzung Shanghais
1937–1945	Zweite Einheitsfront von Nationalisten und Kommunisten

1945–1949	Zweiter Bürgerkrieg in China endet mit dem Sieg der Kommunisten. Chiang Kaishek zieht sich mit den Resten der Guomindang (Kuomintang) nach Taiwan zurück
1.10. 1949	Gründung der Volksrepublik China Mao wird Vorsitzender der Kommunistischen Partei Chinas (KPCh)
Ende 1949	Mao reist nach Moskau
1949–1952	Bodenreformbewegung
1950	Chinesisch-russischer Freundschaftsvertrag
1954	Deng Xiaoping wird KP-Generalsekretär und stellvertretender Ministerpräsident
1954–1978	Vollständige Abschaffung der Privatwirtschaft Zhou Enlai ist Ministerpräsident
1957	„Hundert-Blumen-Kampagne"
1958–1960	Großer Sprung nach vorne; Einrichtung von Volkskommunen
1959–1975	Liu Shaoqi ist Staatspräsident
1960	Ideologischer Konflikt mit Moskau, endgültiger Bruch nach der Kubakrise
1964	„Mao-Bibel" erscheint Zündung der ersten chinesischen Atombombe
1966–1976	Kulturrevolution
1967	Zündung der ersten chinesischen Wasserstoffbombe
1971	„Pingpong-Diplomatie"; Aufnahme Chinas in die UN Taiwan gibt den Sicherheitsratssitz zugunsten von China auf
1972	Besuch des US-Präsidenten Nixon in Peking
1973	Deng Xiaoping erhält seine Ämter zurück
1976	Tod Mao Zedongs
ab 1978	Öffnungspolitik Deng Xiaopings Vier Modernisierungen der Marktwirtschaft
1978–1980	Hua Guofeng ist Ministerpräsident
1980–1987	Hu Yaobang ist KP-Generalsekretär Zhao Ziyang ist Ministerpräsident
1983–1988	Li Xiannian ist Staatspräsident
1987–1989	Zhao Ziyang ist KP-Generalsekretär

1987–1998	Li Peng ist Ministerpräsident
1988–1993	Yang Shangkun ist Staatspräsident
1989	Studentenproteste mit Massendemonstrationen Blutige Niederschlagung der Demokratiebewegung durch die Armee auf dem Platz des Himmlischen Friedens (4. Juni)
1989–2002	Jiang Zemin ist KP-Generalsekretär, 1993–2003 Jiang Zemin ist Staatspräsident
1997	Tod Deng Xiaopings Rückgabe Hongkongs an China
1998–2003	Zhu Rongji ist Ministerpräsident
1999	Rückgabe Macaus an China
2001	China wird WTO-Mitglied
2002	Hu Jintao wird neuer KP-Generalsekretär
2003	Regierungswechsel: neue Politik des sozialen Ausgleichs unter Ministerpräsident Wen Jiaobao Hu Jintao wird Staatspräsident Erster bemannter Raumflug Chinas
2008	Olympische Spiele in Peking

2.2 Politisches System und bedeutende Politiker

China ist formal ein kommunistischer Staat, regiert unter einem Einparteiensystem mit sozialistischer Wirtschaftsform, die tief in der Verfassung der Volksrepublik China verankert ist. Die **Macht im Staat** konzentriert sich auf den **Staatsvorsitzenden**, der gleichzeitig Generalsekretär der Kommunistischen Partei, Staatspräsident der Volksrepublik und Vorsitzender der Zentralen Militärkommission ist. Seit 2004 hält Hu Jintao die Fäden in China in der Hand. Vor ihm hatten Jiang Zemin (1992–2004), Deng Xiaoping (1978–1992) und Mao Zedong (1949–1976) diesen Posten inne.

Für Chinas Staatssystem gibt es viele verschiedene Beschreibungen, die von autoritär über kommunistisch bis hin zu sozialistisch reichen. Alle Beschreibungen gehen davon aus, dass demokratische Rechte wie Meinungs- und Pressefreiheit sowie Versammlungsfreiheit und freie Ausübung von Religion in China stark beschnitten sind. **Die Kommunistische Partei Chinas hat in der Tat das Machtmonopol in China.** In

Geschichte und Politik

China sind Parteiämter wichtiger und haben mehr Macht als Staatsämter. Der Nationale Volkskongress (NVK), das Parlament von China, ist zwar höchstes Staatsorgan im Land und wählt den Staatspräsidenten, den Staatsrat, den obersten Volksgerichtshof, die Zentrale Militärkommission und die Oberste Staatsanwaltschaft. Die Parlamentarier müssen sich allerdings an die Vorschläge der Kommunistischen Partei halten.

Auf Dorf- und Stadtebene hat es Versuche politischer Liberalisierung gegeben, jedoch gibt die Kommunistische Partei ungern die politische Machtbasis auf. Die wirtschaftlich fortgeschrittenen Küstenregionen haben jedoch eine eigene politische Dynamik entwickelt, die mehr von wirtschaftlichem Pragmatismus als von sozialistischer Kontrolle geprägt ist. Die Wirtschaft ist es auch, die zunehmend das politische System beinflusst. In den vergangenen Jahren wurden die sozialistischen Elemente immer mehr in den Hintergrund gedrängt, während Schwerpunkte mehr und mehr auf Marktwirtschaft gelegt wurden. 2004 verankerte die Regierung den Schutz des Privateigentums in der Verfassung.

Die Volksrepublik China ist **administrativ und politisch in 22 Provinzen und 5 autonome Gebiete** aufgeteilt. Provinzen sind die wichtigste Unterteilung in China. Unterhalb der Provinzebene gibt es als weitere Unterteilung Regierungsbezirke, Autonome Bezirke, Städte, Kreise, Autonome Banner, Gemeinden und Nationalitäten-Gemeinden.

Nach sowjetischem Vorbild hat China autonome Gebiete eingerichtet, die der ethnischen Bevölkerung der jeweiligen Gebiete gerecht werden. Status eines autonomen Gebietes haben: Guangxi, Innere Mongolei, Ningxia, Xinjiang und Tibet (alle im Westen und im Norden der Volksrepublik China). Theoretisch haben Chinas autonome Gebiete Unabhängigkeit in Wirtschafts- und Finanzangelegenheiten sowie in Fragen von Kunst, Kultur und Sprache der jeweiligen Ethnie. In der Praxis übt die Zentralregierung in Peking weitreichenden Einfluss aus. Vier Ballungszentren (Peking, Chongqing, Shanghai und Tianjin) haben den Status einer **Regierungsunmittelbaren Stadt** und unterstehen somit direkt der Zentralregierung in Peking. Eine Regierungsmittelbare Stadt ist gleichgestellt mit einer Provinz oder einem autonomen Gebiet.

Politisches System und bedeutende Politiker

Die Volksrepublik China sieht Taiwan als integralen Bestandteil von China an. Hongkong und Macau haben den Status von Sonderverwaltungszonen, denen ein Chefadministrator als Regierungschef vorsteht. Sonderverwaltungszonen wurden nach dem Prinzip *Ein Land, zwei Systeme* von Staatspräsident Deng Xiaoping Anfang der 1980er Jahre entwickelt. Seit 1982 in der chinesischen Verfassung verankert, diente dieses Modell vor allem dazu, der Wirtschaftslokomotive Hongkong zusätzliche Autonomie einzuräumen. **Somit genießen Hongkong und Macau besondere politische und wirtschaftliche Autonomie in der Volksrepublik China.** Sonderverwaltungszonen sind zwar keine unabhängigen Staaten, haben allerdings ihre eigene Handelspolitik und Zollverwaltung und sind Mitglied in der Welthandelsorganisation (WHO).

Mao Zedong (1893–1976)

Mao Zedong war Chinas bedeutendster militärischer und politischer Führer. Als Kopf der Kommunistischen Partei Chinas schlug er die Guomindang Partei (chinesische Nationalisten) im chinesischen Bürgerkrieg und führte die Volksrepublik China von der Geburtsstunde im Jahre 1949 bis zu seinem Tod 1976. Zeit seines Lebens bis in die Gegenwart war und ist Mao kontrovers. Seine Führungsqualitäten sind unumstritten, und innerhalb und außerhalb Chinas ist man sich einig, dass **Mao den Wiederaufstieg des Reichs der Mitte herbeigeführt hat.** Er war einer der wenigen Persönlichkeiten in der Welt, die einen riesigen Einfluss auf Hunderte Milllionen von Menschen hatten. Aber Maos Politik brachte den Chinesen auch Zerstörung, Elend und Tod.

Mao erhielt eine Ausbildung als Lehrer und wurde 1921 junges Gründungsmitglied der Kommunistischen Partei von China. 1923 schlossen sich die Nationalisten (Guomindang) und die Kommunisten zusammen gegen die regionalen Warlords und konsolidierten ihre Macht in Zentral- und Südchina. Doch 1926 eroberten die Nationalisten Peking und vertrieben die Kommunisten. Mao lernte zwei Dinge: erstens, dass Guerilla-Taktiken zum Erfolg führten, und zweitens, dass politische Macht mit dem Gewehr entschieden wird. Der erste chinesische Bürgerkrieg brach aus und die Kommunisten gerieten unter immensen Druck. Zurückgezogen in der Jiangxi-Provinz wurden sie schließlich im Oktober 1934 von den Nationalisten vertrieben.

Der Lange Marsch begann unter Führung Maos. Zusammen mit fast 100.000 Mitkämpfern machte er sich auf den Weg zur Shaanxi-Provinz im Norden Chinas, wo er sich mit Teilen der kommunistischen Armee vereinigen wollte, um neue Kraft für die Fortsetzung des Bürgerkrieges zu schöpfen. Der Lange Marsch dauerte über ein Jahr und ging teilweise durch unwegbares Terrain. **Der Lange Marsch ist eigentlich eine Anzahl von Märschen von verschiedenen Teilen der kommunistischen Armee.** Der Marsch von der Jiangxi-Provinz zur Shaanxi-Provinz ist hingegen der bekannteste und wird allgemein als *der Lange Marsch* angesehen. Truppenstützpunkte der Nationalisten mussten in weitem Bogen umgangen werden, unterwegs lokale Kriegsherren. An die 10.000 Kilometer legten Maos Truppen zu Fuß zurück, nur etwa ein Zehntel überlebte den Marsch.

Am 1. Oktober 1949 rief Mao die Volksrepublik China aus. Die Nationalisten (Guomindang) zogen sich nach Taiwan zurück und proklamierten dort die Republik China. 1950 brach der Koreakrieg aus, und 1951 griff Mao die südkoreanischen Truppen an, um eine Wiedervereininung Koreas zu verhindern. Trotz herber Verluste in den eigenen Reihen konnte Mao den ersten chinesischen Sieg seit 100 Jahren gegenüber ausländischen Truppen verbuchen.

Im Mai 1956 setzte Mao die **Hundert-Blumen-Bewegung** (1956/57) in Gang. Gegenüber Parteiführern proklamierte Mao: **Lasst hundert Blumen blühen, lasst hundert Schulen miteinander wetteifern.** Die Kritik des eigenen Volkes an der Herrscherriege und des kommunistischen Staatssystems war vernichtend. Nach nur einem Jahr ließ Mao die Hundert-Blumen-Kampagne im Mai 1957 mit Gewalt stoppen – es folgte der Ausruf der Anti-Rechts-Bewegung. Einige Hunderttausend anti-linke Intellektuelle und Regimekritiker wurden verhaftet und in Arbeitslager verbannt. Es wurde klar, dass das Regime keine Kritik und keine Abweichung von der offiziellen Linie duldete.

Nur ein Jahr später, **1958, kam der große Sprung nach vorne** (1958–61). Mao wollte die Landwirtschaft und die Industrie ankurbeln. Die Bauern wurden enteignet und das Land wurde in Kommunen zusammengelegt. Saisonarbeiter wurden angeheuert, um große Industriekomplexe zu bauen.

Das Resultat war vernichtend. Die Bauern zeigten wenig Elan, in den neu angelegten Kommunen unter unerfahrenen Kadern zu arbeiten. Für die Industrie gab Peking utopische Erfolgsquoten bei der Produktion vor. Um die Quoten so weit wie möglich zu erfüllen, wurden zusätzliche Bauern in die Industrie abgeordert. Darunter litt die Landwirtschaft. Missernten und Hungersnöte in den folgenden zwei Jahren waren das Resultat. Wieder starben Millionen von Chinesen, was jedoch der Öffentlichkeit verheimlicht wurde. Dennoch ließ Mao das Programm des großen Sprungs nach vorne bis 1961 weiterführen. Historiker schätzen, dass während des großen Sprungs nach vorne zwischen 40 und 74 Millionen Menschen verhungerten, was der größten Hungersnot aller Zeiten entspricht. Durch geschickte Propaganda blieb allerdings Maos Ansehen bei der Bevölkerung intakt.

In den frühen 1960er Jahren geriet Mao unter starken innerparteilichen Druck. Als Antwort startete er 1966 die **große proletarische Kulturrevolution** (1966–76). Mithilfe der Roten Garden, aus Schülern und Studenten zusammengesetzten Gruppierungen, entledigte sich Mao jedem, der seine Macht untergraben wollte. **Unter dem Kampfbegriff „Die Vier Alten" griffen die Roten Garden alte Bräuche, alte Gewohnheiten, alte Kultur und altes Denken an.** Schulen wurden geschlossen und Lehrpersonal sowie junge Intellektuelle zur Umerziehung aufs Land geschickt. Im ganzen Land wurden Kulturgüter wie Tempel, Bibliotheken und Kunstwerke zerstört. Alle westlichen Güter wurden als dekadent-bürgerlich verboten. Mehrere Millionen Menschen kamen während der Kulturrevolution ums Leben. Die Kulturrevolution ging offiziell zu Ende, als Mao Zedong mit 82 Jahren am 9. September 1976 starb.

Deng Xiaoping

Deng Xiaoping war lange Jahre Führer der Kommunistischen Partei der Volksrepublik China. Obwohl Deng nie offiziell ein politisches Amt innehatte, war er praktisch Chinas Staatschef von Ende der 1970er Jahre bis Anfang der 1990er Jahre. **Deng erfand den Sozialismus mit chinesischer Charakteristik.** Unter seiner Führung wurde die zweite Führungsgeneration der Kommunistischen Partei aufgebaut.

Geboren am 22. August 1904 in dem Dorf Paifang in der Sichuan Provinz, wuchs Deng Xiaoping in ärmlichen Verhältnissen auf. Mit dem Marxismus-Leninismus kam Deng zuerst in Frankreich während seines Schulaufenthaltes in den 1920er Jahren in Berührung. Deng trat der chinesischen kommunistischen Jugendliga 1922 bei und durchlief später die Kommunistische Universität in Moskau. Nach seiner Rückkehr Anfang 1927 nach China schloss sich Deng der Nordwestarmee an. Als die Allianz mit den Nationalisten zerbrach, ging Deng in die kommunistische Parteizentrale nach Wuhan und später nach Shanghai. **Deng Xiaoping stieg schnell in den Rängen der Partei auf.** Er überlebte den Langen Marsch und wurde von Mao, den er unterstützte, zum Politischen Kommissar einer der drei Divisionen der neu organisierten chinesischen Armee ernannt.

Deng wurde schließlich im Jahr **1957 Generalsekretär der Kommunistischen Partei**, kurz nach der Anti-Rechts-Kampagne. In der Folgezeit führte Deng mit Präsident Liu Shaoqi die Regierungsgeschäfte Chinas. Deng und Liu trieben wirtschaftliche Reformen voran. Mit dieser pragmatischen Politik kamen sie beim Volk und bei Regierungsvertretern gut an, anders als Mao, der radikalere Ideen verfolgte. Mao sah sich zunehmend seiner Machtbasis beraubt und distanzierte sich von Deng und Liu. 1966 rief er die Kulturrevolution aus und entband Deng von allen politischen Ämtern. Mithilfe von Liu konnte sich Deng ab 1974 wieder rehabilitieren. Es dauerte jedoch bis nach Maos Tod 1976, dass Deng wieder zu politischer Macht kam. **Er nahm Abstand von der Kulturrevolution, rief den „Pekinger Frühling" aus und erlaubte freie Meinungsäußerung.**

Ende der 1970er Jahre öffnete sich Deng stärker dem Westen. **Ein Meilenstein war der Staatsbesuch beim US-Präsidenten Jimmy Carter im Weißen Haus im Jahre 1979.** Wenige Jahre später einigte sich die chinesische mit der britischen Regierung auf die Rückgabe Hongkongs an China am 1. Juli 1997. Unter dem **Slogan „Ein Land, zwei Systeme"** sollte **Hongkong** das kapitalistische System und weitestgehend Autonomie gegenüber der Volksrepublik China beibehalten. Ein ähnliches Abkommen wurde mit der portugiesischen Regierung über Macau geschlossen. Hongkong und Macau wurden Sonderwirtschaftszonen in China. Von Deng erfunden, sollten Sonderwirtschaftszonen ausländische Investoren mit niedrigen Steuern anlocken und die chinesische Wirtschaft ankurbeln. Deng schaffte auch das Preismonopol des Staates ab und verursachte damit eine Hyperinflation, die den Zorn unter der Bevölkerung Ende der 1980er Jahre entfachte. Den allgemeinen Unmut nutzten chinesische Studenten für umfangreiche Proteste, die Deng am 4. Juni 1989 auf dem Platz des Himmlischen Friedens blutig niederschlagen ließ. Deng Xiaoping war an einem Tiefpunkt seiner späten politischen Karriere angelangt. 1990 zog er sich offiziell aus dem politischen Geschäft zurück, nachdem er in Jiang Zemin einen Nachfolger gefunden hatte, der sein politisches Erbe intakt hielt. Deng Xiaoping starb am 17. Februar 1997 nach langer und schwerer Krankheit.

2.3 Weltsicht und Selbstverständnis des Landes

In zwei entscheidenden Punkten sieht China sich anders, als wir es sehen: Während mancher auf die große chinesische Krise wartet, sind die **Chinesen davon überzeugt, dass sie ihre großen Krisen schon hinter sich haben.** Und während wir davon ausgehen, dass China aus der Rückständigkeit aufsteigt, sind die **Chinesen davon überzeugt, dass sie wieder zu ihrer alten Größe zurückkehren.**

Seinen Niedergang hat China schon längst hinter sich. Gut 150 Jahre liegt der Zusammenbruch zurück. Was damals aussah wie das Ende einer Zivilisation, nimmt sich heute wie ein vorübergehendes Formtief in der langen chinesischen Geschichte aus. Es dauerte gut 120 Jahre und endete 1976 mit dem Tod Mao Zedongs. Wie tief der Sturz vom Ruhebett des Erfolgsverwöhnten war und wie hart der Aufprall, haben die Chinesen bis heute nicht vergessen.

Dass **China** schon mal ein **Reich der Mitte** war, gibt den Menschen Selbstvertrauen. Selbst im Alltag. Und je stärker sich China in die Welt integriert, umso mehr erinnern sich die Menschen daran, dass es schon immer seinen eigenen Weg gegangen ist. Mindestens bis Anfang des 19. Jahrhunderts lebten die Menschen in der fortschrittlichsten Region Chinas, dem Delta des Jangtse-Flusses, genauso gut wie diejenigen in den fortschrittlichsten Regionen Europas, vor allem in England. Das Pro-Kopf-Einkommen war ähnlich hoch. Die Hygienestandards, ein entscheidender Entwicklungsfaktor damals, standen Europa in nichts nach. Seife und heißes Wasser zu benutzen, war für das chinesische Leben bestimmend.

Geschichte und Politik

Die Sterblichkeitsraten, ein wichtiger Indikator für den Wohlstand der Bevölkerung, waren in China sogar niedriger als in Europa, und die Chinesen wurden genauso alt. Es ging den Chinesen so gut, dass sie zwischen 1550 und 1850 sogar im Schnitt weniger Kinder bekamen. Das Bevölkerungswachstum war zunächst höher (1550–1750) und die darauffolgenden hundert Jahre etwa gleich hoch wie in Europa. Die Städte waren traditionell größer und weltläufiger als in Europa.

Während die größte Stadt Europas im 15. Jahrhundert 150.000 Einwohner zählte, lebten in Kanton allein 200.000 Ausländer, vor allem Araber, Perser, Inder, Afrikaner und Türken. Der Warenumsatz des Shanghaier Hafens war bereits 1840 größer als der von London. Europa hatte bis ins 18. Jahrhundert hinein weltweit betrachtet eine nicht sehr außergewöhnliche Wirtschaft. **Erst zur Zeit der industriellen Revolution, ab Mitte des 19. Jahrhunderts, wurde China von der europäischen Wirtschaft überrundet.** Dies alles hat sich tief in die Mentalität der Chinesen eingebrannt.

Aus dieser historischen Erfahrung heraus hat China heute eine ganz eigene Weltsicht entwickelt. **Zugespitzt formuliert, setzen die unterschiedlichen Weltregionen im Kampf um ihren Einfluss in der Welt auf drei verschiedene Strategien: Die Amerikaner versuchen es mit Waffen, die Europäer mit Werten und die Asiaten – allen voran die Chinesen – mit Waren.** Bis weit ins 18. Jahrhundert waren Waffen das Recht des Stärkeren, das effizienteste Mittel, mächtiger zu werden. Doch haben bereits der Koreakrieg, der Vietnamkrieg, der Kalte Krieg und nicht zuletzt der dritte Irakkrieg den USA gezeigt, dass es in der Welt immer schwieriger wird, Vorherrschaft mit Waffen zu behaupten. Die **Chinesen** hingegen scheinen über ein System zu verfügen, das vor allem wegen seiner Mischung aus **Schnelligkeit, Durchdringungskraft und Unauffälligkeit** immer geeigneter ist, den Einfluss in der Welt zu vergrößern. Die Invasion chinesischer Güter wird kaum bemerkt und ist doch eine Art Einmarsch, der viel subtilere und langfristigere Auswirkungen hat als militärische Maßnahmen.

Die Einsicht, dass es Zwänge gibt, denen sich niemand, auch ein mächtiges Reich wie China nicht, entziehen kann, fiel den chinesischen Führern im 19. Jahrhundert schwer. Sie hatten sich daran gewöhnt, dass sie als Führer des Reiches der Mitte allein bestimmend waren. Der Gedanke, dass Nationen sich in Konkurrenz zu anderen Nationen bewähren müssen, lag ihnen fern. Dabei hatte die Globalisierung längst der Welt ein Netz übergestülpt.

Chinas Führer haben beide Faktoren lange unterschätzt und es deshalb versäumt, eine Nische innerhalb des Geflechts der Weltgemeinschaft zu finden, die ihre Stärken hervorhebt und ihre Schwächen mildert. **Staaten und sogar ganze Verbände von Staaten haben keine Erfolgschance, wenn sie gegen die Hauptströmungen der Welt anschwimmen. China hat das schmerzhaft lernen müssen.** An der Wende zum 20. Jahrhundert musste China, das Reich der Mitte, widerwillig einsehen, dass es wirtschaftlich ohne den Westen nicht mehr wettbewerbsfähig war.

Heute muss wiederum der Westen erkennen, dass sein Wirtschaftssystem nicht mehr ohne China auskommt. Diese Erkenntnis nährt das chinesische Selbstbewusstsein und führt dazu, dass Politiker, aber auch einfache Menschen kurzfristige Rückschläge hinnehmen, weil sie Teil eines großen erfolgreichen Projektes sind.

2.4 Beziehungen zu Deutschland

Seit 1972 unterhalten die Bundesrepublik Deutschland und China diplomatische Beziehungen. Diese haben sich vor allem in den vergangenen Jahren stark vertieft und sind von großer Vielfalt und politischer Tiefe geprägt. Beide Länder betrachten die Zusammenarbeit als freundlich und gut.

Auf wirtschaftlicher Ebene ist **China Deutschlands wichtigster Handelspartner in Asien.** Ebenso ist Deutschland wichtigster Handelspartner in der EU für China. Genau wie die EU vertritt Deutschland eine **Ein-China-Politik**, die besagt, dass es nur einen chinesischen Staat gibt, der sowohl das chinesische Festland (Volksrepublik China) als auch die Insel Taiwan (Republik China) umfasst. Die Ein-China-Politik ist Grundvoraussetzung für jeden Staat, der diplomatische Beziehungen mit China aufnehmen möchte. Bis Anfang der 1970er Jahre unterhielt die Bundesrepublik Deutschland auch diplomatische Beziehungen mit Taiwan.

Schwerpunkte der Zusammenarbeit ist der Rechtsstaatsdialog, das deutsch-chinesische Dialogforum der Zivilgesellschaften beider Länder (ein Treffen mit hochrangigen Vertretern fand im September 2006 statt) und die Kollaboration in

Energie- und Umweltfragen. Letztere basierte auf der Bonner Konferenz zu erneuerbaren Energien und führte zur Internationalen Konferenz über Erneuerbare Energien in Peking im November 2005, die von der Bundesregierung maßgeblich unterstützt wurde. Unter Beteiligung von Wirtschaftsvertretern aus Deutschland und China organisierten die beiden Länder ein bilaterales Umweltforum in der ostchinesischen Stadt Qingdao im Januar 2006. Im Frühjahr 2006 folgte die Auszeichnung von 20 jungen chinesischen Wissenschaftlern mit dem Einstein-Preis im Bereich der Grundlagenphysik – diesmal auf Initiative der deutschen und schweizerischen Botschaften in Peking. Im September 2006 war dann Bundesminister Wolfgang Tiefensee direkt am deutsch-chinesischen Umweltsymposium in Shanghai beteiligt. Inhalt der eintägigen Veranstaltung war nachhaltiges und energieeffizientes Bauen.

In den vergangenen Jahren pflegten Deutschland und China einen regen Besucheraustausch auf hoher Regierungsebene. Offizielle Besuche waren:

China: Bundeskanzlerin Angela Merkel, 25.–29. August 2007
Deutschland: Wen Jiabao, Ministerpräsident der Volksrepublik China, 13.–14. September 2006
China: Angela Merkel, 21.–23. Mai 2006
China: Außenminister Frank-Walter Steinmeier, 22.–23. Februar 2006
Deutschland: Hu Jintao, Präsident der Volksrepublik China, 10.–12. November 2005

Unterstützung finden deutsche Firmen von Delegiertenbüros der Deutschen Wirtschaft, die dem Deutschen Industrie- und Handelskammertag (DIHK) angehören. Niederlassungen finden sich in Peking, Shanghai, Guangzhou (Kanton) sowie im benachbarten Hongkong. In enger Zusammenarbeit mit der deutschen Botschaft in Peking und den Konsulaten in Shanghai, Guangzhou (Kanton), Chengdu und Hongkong vertreten die Handelsbüros deutsche Außenhandelsinteressen. **Ferner gibt es in Peking und in Shanghai Niederlassungen der Bundesagentur für Außenwirtschaftsförderung (BfAI).** In Hongkong wurde auch eine „German Business Association" gegründet. Um die Zusammenarbeit untereinander zu fördern und gemeinsame Interessen zu vertreten, haben sich deutsche Firmen in China zu einer Industrie- und Handelskammer zusammengeschlossen. Der Bundesregierung ist es wichtig, die Rahmenbedingungen für ausländische Investoren, vor allem deutsche, zu verbessern. Besonders mittelständische Investoren leiden unter dem mangelnden Rechtsschutz in China. **Streitpunkte in deutsch-chinesischen Wirtschaftsbeziehungen sind häufig Produktpiraterie und unerlaubter Technologietransfer.** Des Weiteren macht deutschen Firmen die **Rechtsunsicherheit**, vor allem bei Verträgen, zu schaffen. Bei Ausschreibungen von öffentlichen Projekten haben deutsche Firmen meist das Nachsehen gegenüber ihren chinesischen Konkurrenten.

Seit November 1999 unterhalten Deutschland und China einen umfangreichen bilateralen Dialog zu Rechtsfragen. Das Projekt ist eines der ehrgeizigsten Entwicklungshilfeprojekte der Bundesregierung.

Die Bundesregierung verfolgt im Rahmen einer globalen Durchsetzung des rechtsstaatlichen Denkens und der **Menschenrechte** das Ziel, die Rechtssituation in China zu verbessern. Hierzu vereinbarten im September 2005 die Bundesjustizministerin, Brigitte Zypries, und der Leiter des chinesischen Rechtsamts des Staatsrates, Minister Cao Kangtai, ein Zweijahresprogramm zur Zusammenarbeit im Rechtsbereich. Dieses Programm war das dritte seiner Art in Folge, das zwischen den beiden Ländern vereinbart wurde. Der Kern des Rechtsprogramms sah auch die Durchführung konkreter Projekte vor, die für China direkte Rechtshilfe bedeuten. Brennende Fragen erörtern Regierungsvertreter von Deutschland und China im Rahmen des unterstützenden bilateralen Menschenrechtsdialogs. Dieser Dialog findet **im Rahmen der offiziellen EU-Politik statt, die sich für Menschenrechte, Demokratie und Rechtsstaatlichkeit in China einsetzt.** Die Bundesregierung erkennt an, dass auf chinesischer Seite bedeutende Fortschritte in Bezug auf Menschenrechte unternommen wurden. Aufseiten Deutschlands ist man jedoch der Meinung, dass die Menschenrechtslage in China weiter verbessert werden solle und dass sich die Bundesregierung auch in Zukunft kritisch zur Menschenrechtslage in China äußern wird. Als Forum benutzen die Deutschen vor allem das alljährlich stattfindende deutsch-chinesische Rechtssymposium, zuletzt veranstaltet im Mai 2006 in der chinesischen Stadt

Xi'an. So finanziert der deutsche Steuerzahler Symposien, Expertenkommissionen, Fortbildungsveranstaltungen und Stipendien, die China beim Aufbau eines Rechtsstaats unterstützen sollen. Doch obwohl das Justizministerium stolz darauf hinweist, dass kein anderes Land im Rechtsbereich so eng mit China zusammenarbeitet, zeigt sich nach sieben Jahren, dass auch die anfänglichen Kritiker nicht unrecht hatten: Die **Pekinger Regierung** lässt sich zwar gerne helfen, vor allem, wenn die Beratung sie nichts kostet. **Fremde Werte lässt sie sich allerdings auf keinen Fall aufdrücken.** China macht, was es will. **Denn trotz aller anderweitigen Bekenntnisse ist China noch weit davon entfernt, ein Rechtsstaat zu sein. Einparteienherrschaft und Gewaltenteilung lassen sich kaum miteinander vereinbaren.** Zwei Gründe hatten Ex-Kanzler Gerhard Schröder nach seinem Wahlsieg 1998 dazu bewegt, den Rechtsaustausch in den Mittelpunkt seiner Chinapolitik zu rücken – eine Idee, die von Bundespräsident Roman Herzog stammte. Einerseits wollte Schröder der deutschen Wirtschaft in China nach Kräften den Rücken stärken und suchte daher nach einer Möglichkeit, die von Peking als Affront betrachteten Menschenrechtsvorwürfe zu umgehen. Der Rechtsdialog war dabei ein eleganter dritter Weg zwischen Konfrontation und Appeasement, dem sich auch die Grünen nicht verschließen konnten. Andererseits hoffte Schröder, mit einer Verbesserung der Wirtschaftsgesetzgebung bessere Spielregeln für deutsche Unternehmen zu schaffen und einen Mechanismus zu schaffen, mit dem sich etwa Fälle von **Produktpiraterie** oder **Markteintrittsdiskriminierung** auf der Arbeitsebene ansprechen ließen. Sein Vorstoß fiel bei Ministerpräsident Zhu Rongji auf fruchtbaren Boden. So unterzeichneten im Juni 1999 das Bundesministerium für Justiz und das Büro für legislative Angelegenheiten beim Staatsrat die „Deutsch-Chinesische Vereinbarung zu dem Austausch und der Zusammenarbeit im Rechtsbereich". **Das größte Forum und zugleich den offiziellsten Part bilden die alljährlichen bilateralen Symposien sowie regelmäßige Arbeitstreffen von Experten der jeweiligen Ministerien.** Das Themenspektrum der Symposien wandelte sich ebenso rasch, wie der Alltag in den Dialog einkehrte. Der Rechtsstaatsdialog diente nicht länger als ein Forum für allgemeine rechtliche Fragen, sondern ebnete der wirtschaftlichen Entwicklung weiterhin den Boden. Dazu kommen weitere, inzwischen 66 Projekte, mit namhaften Partnern. **Zwei deutsch-chinesische Rechtsinstitute wurden gegründet, an der Peking-Universität sowie an der Universität Nanjing.** Im Berliner Justizministerium ist man stolz darauf, mehrere Gesetzesinitiativen in China unterstützt zu haben, so etwa beim Gesetz zur Offenlegung von Regierungs- und Verwaltungsinformationen, das eine größere Transparenz im Staatsapparat schaffen und die Kompetenzen unterschiedlicher Ebenen besser regeln soll und etwa Auswirkungen auf den Katastrophenschutz haben soll. Doch was die chinesischen Gesetzgeber nach den Symposien mit den deutschen Juristen aus dem Gesetzestext gemacht haben, kann kaum im Sinne der Deutschen sein: Einerseits verpflichtet das Gesetz zwar Ämter, die Öffentlichkeit über Notsituationen in Kenntnis zu setzen. Andererseits regelt es jedoch auch das Verbot für die Presse, ohne Genehmigung der Behörden über Katastrophen und Rettungsmaßnahmen zu berichten. **Bis zu 10.000 Euro Strafe muss zahlen, wer künftig etwa ohne behördliche Erlaubnis über chemikalienverseuchte Flüsse informiert.**

Während die Befürworter des Rechtsstaatsdialogs dies mit dem Hinweis darauf hinnehmen, dass jede Form von Gespräch besser sei als keine, und dass man einem souveränen Land wie China nicht sagen dürfe, wie es seine Gesetze zu machen habe, sehen manche deutsche Juristen die Sache kritischer. So verlieh der deutsche Richterbund 2005 seinen Menschenrechtspreis demonstrativ an den chinesischen Anwalt Zheng Enchong. Zheng hatte in Shanghai Hunderte von zwangsumgesiedelten Familien betreut und eine Klage gegen den Immobilienhändler Zhou Zhengyi erhoben, die sogar in einer Verurteilung mündete. Doch schon wenige Tage nach der Verurteilung Zhous wurde Zheng unter dem Vorwurf der „Preisgabe von Staatsgeheimnissen an ausländische Stellen" verhaftet und zu drei Jahren Gefängnisstrafe verurteilt. **Vor allem seit dem Chinabesuch von Bundeskanzlerin Angela Merkel im Mai 2006 wird die Bildungs- und Forschungszusammenarbeit stark ausgeweitet.** Deutschland und China kooperieren hier bei gemeinsamen Masterstudiengängen. Außerdem unterstützt Deutschland China beim Aufbau von Fachhochschulen.

Geschichte und Politik

**Im wissenschaftlich-technologischen Bereich koope-
riert Deutschland mit China mittlerweile mit der Gründung gemeinsamer Forschungsinstitute.**
Nahezu alle bedeutenden Forschungseinrichtungen, zahlreiche Universitäten und bei vielen Projekten auch industrielle
Partner sind auf beiden Seiten in die Zusammenarbeit einbe-
zogen. Das Bundesministerium für Bildung und Forschung
(BMBF) und das Ministerium für Wissenschaft und Technologie (MOST) haben sich dazu bereit erklärt, bei der Modernisierung der Industrie in Nordostchina zu helfen. Des Weiteren
kooperiert man in den Bereichen Biotechnologie, Produk-
tionstechnologie, Mikrosystemtechnik, Meeres- und Geowis-
senschaften. **Aufgrund guter Zusammenarbeit in Kultur-
fragen war es möglich, im Sommer 2006 Ausgrabungen
aus Xi'an in Bonn zu zeigen.**
Mitte 2007 vereinbarten Deutschland und China eine
verstärkte Zusammenarbeit in der Agrarwissenschaft. In Nordchina soll hierzu eine 1.000 Hektar große Modellfarm entstehen. Laut Bundeslandwirtschaftsministerium sollen hier Kar-
toffeln und Getreide von deutschen Agrarexperten angebaut
werden. Deutschen und chinesischen Agrarexperten soll auch
ein Forum zum wissenschaftlichen Austausch gegeben werden. 2006 hat Deutschland Agrarprodukte im Wert von 80
Millionen Euro an China exportiert. Der Import von Agrarpro-
dukten aus China lag im selben Zeitraum bei über 80
Millionen.
Während des Albert Einstein gewidmeten Wissenschafts-
jahres 2005 verlieh der deutsche Botschafter 20 chinesischen
Nachwuchswissenschaftlern den Einstein Award. Die bilatera-
le Wissenschaftskooperation ist Teil der EU-China-Kooperation.
**Im Rahmen der Entwicklungshilfe hat Deutschland
seine finanzielle Unterstützung an China weit zurückge-
fahren, da die wirtschaftliche Entwicklung in China dies
nicht mehr notwendig erscheinen lässt.** Viele Projekte
werden von den Chinesen mittlerweile cofinanziert. Dennoch
hat Deutschland im Jahr 2006 finanzielle Hilfe an China im
Bereich von 150 Millionen Euro zugesagt und liegt daher nach
Japan an zweiter Stelle der Geldgeber in China. **Deutschland
bietet China strategisch Hilfe in Bereichen an, die
wichtig für den Ausbau von spezifischen Sektoren in
China sind. Hierunter fallen Umweltthemen sowie Wirt-
schafts- und Rechtsberatung.** Die Entwicklungshilfe

Deutschlands in China konzentriert sich daher vor allem auf den **Schutz der Umwelt in China, besonders im Bereich erneuerbarer Energie und Schutz der natürlichen Ressourcen.** Darunter fällt Forstschutz und Aufforstung, Benutzung von umweltschonenden Technologien bei Energieerzeugung und Abfallwirtschaft, um die steigenden Umweltprobleme in China zu bekämpfen. Außerdem bieten die Deutschen Weiterbildung für nachhaltige Wirtschaftsentwicklung an. Hierzu zählt die Förderung von kleinen und mittleren Unternehmen, Berufsausbildung, Einführung von sozialen Systemen und Rechtsberatung bei Wirtschaftsfragen. Ein wichtiges Gebiet, in dem Hilfe angeboten wird, ist die Städteplanung, vor allem im Bereich von Verkehrsprogrammen.

Aber auch die deutsche Kulturpolitik hat ihre feste Stelle in den deutsch-chinesischen Beziehungen. Die Bundesrepublik Deutschland verfolgt ihre Kulturinteressen durch das **Goethe-Institut in Peking**, dessen Aufgaben stetig erweitert werden. **Bilateraler Kulturaustausch findet seit 1979 statt, nachdem Deutschland und China ein Kulturabkommen geschlossen haben.** Das Abkommen wurde während des Besuches des chinesischen Präsidenten Hu Jintao in Deutschland im November 2005 erneuert und erweitert. In Berlin wurde zudem der Grundstein für das Kulturzentrum der Volksrepublik China gelegt. In der Praxis findet ein reger Kulturaustausch zwischen den beiden Ländern statt, der sowohl Besuche von Musikgruppen als auch Kunstausstellungen umfasst. **Nach wie vor kommen die meisten ausländischen Studenten in Deutschland aus China.** Das Büro des Deutschen Akademischen Austauschdienstes (DAAD) öffnete seine Pforten schon 1994 und die mit Unterstützung der Bundesregierung betriebene Akademische Prüfstelle (APS) in Peking regelt den stetigen Fluss chinesischer Studenten nach Deutschland.

Nachdem einige europäische Länder, allen voran Frankreich, in den vergangenen Jahren in China sogenannte Kulturjahre veranstaltet haben, plant nun auch Deutschland eine Imagekampagne. Weil es schon so viele Länderjahre in China gegeben habe, **will die Bundesrepublik ab 2007 eine lockere Folge von „Deutschlandwochen" veranstalten**, die in halbjährlichem Abstand in verschiedenen chinesischen Provinzen stattfinden sollen. Der Auftakt soll im zweiten Halbjahr 2007 in Nanjing in der Provinz Jiangsu erfolgen, wo der Chemieriese BASF für 4,1 Milliarden US-Dollar einen petrochemischen Verbundstandort gebaut hat. Dabei soll die Partnerschaft zwischen Nordrhein-Westfalen und der Provinz Jiangsu im Mittelpunkt stehen, aber auch die Partnerschaft von Nanjing und Leipzig wird eingebunden. Zudem sollen Veranstaltungen im John-Rabe-Haus stattfinden. Der Siemensmanager Rabe hatte 1937 beim Massaker von Nanjing durch die Japaner 250.000 Chinesen gerettet. Über das Thema sind derzeit mehrere Dokumentarfilme und ein großer Spielfilm in Arbeit. **Als Höhepunkt ist die Teilnahme Deutschlands an der Expo 2010 in Shanghai geplant.**

2.5 Politische Herausforderungen Chinas

Vergiftete Flüsse, soziale Spannungen, marode Staatsbetriebe – Chinas Boom hat viele Schattenseiten. **Die chinesische Regierung hat wichtige Aufgaben zu lösen**, die wichtigsten sind die folgenden.

Umweltprobleme

Jahrzehntelang boomte China auf Kosten der Umwelt. **Von den weltweit 20 Städten mit der schlimmsten Luftverschmutzung liegen 16 in China.** Nicht nur Schwerindustriehochburgen wie das nordchinesische Shenyang gehören dazu, sondern auch die Metropolen Peking und Shanghai. Nach Schätzungen der Weltgesundheitsorganisation sterben jährlich 250 000 Menschen aufgrund der Luftverschmutzung. Auf ein Drittel des Landes fällt regelmäßig saurer Regen. 80 Prozent der chinesischen Flüsse sind verseucht, die für die Mehrheit der Landbevölkerung die wichtigste Trinkwasserquelle sind. 58 Prozent aller Gewässer können dafür bereits nicht mehr genutzt werden. Verschmutzung und Austrocknung führen außerdem dazu, dass in 400 Großstädten (von 669) Wassermangel herrscht. Die State Environmental Protection Agency (SEPA) errechnete, dass das rasante Wirtschaftswachstum Umweltschäden in Höhe von 10 Prozent des Bruttoinlandsprodukts (BIP) verursacht. „Bisher waren wir stolz, die Fabrik der Welt zu sein, jetzt könnten wir zur Müllhalde der Welt werden", warnt SEPA-Vizeminister Pan

Yue. Um das zu verhindern, soll nun **Umweltpolitik zum Bestandteil der Wirtschaftspolitik** werden.

Die Kluft zwischen Arm und Reich

Chinas Wirtschaftsboom hat in den vergangenen Jahrzehnten landesweit den Lebensstandard erhöht – aber auch die Ungleichheit. **Seit Jahren geht die Schere zwischen Stadt und Land sowie Küstenregionen und Binnenland auseinander.** Obwohl die Bauern bis Mitte der 1990er Jahre ebenfalls vom neuen Wohlstand profitierten, verschlechtert sich ihre Situation inzwischen wieder. **Immer mehr Menschen ziehen** deswegen von den Dörfern **in die Städte**. Derzeit gibt es in China etwa 200 Millionen Wanderarbeiter; inzwischen sorgen sie für etwa ein Drittel des Einkommens der Landbevölkerung. Die Ungleichheit führt zu sozialen Spannungen. 2005 protestierten rund 3,8 Millionen Chinesen. Die Anzahl von „Störungen der öffentlichen Ordnung" stieg auf 87.000; das waren 10.000 mehr als im Vorjahr und fast doppelt so viele wie 2003. Für die Pekinger Regierung wird es allmählich brenzlig. Denn die Proteste, die sich meist gegen Lokalregierungen und korrupte Beamte richten, bedrohen die Steuerbarkeit des Staatsapparates.

Bildungskrise

Nachhaltiges Wirtschaftswachstum braucht gut ausgebildete Fachkräfte. Doch obwohl China derzeit Milliarden in den Aufbau seines Bildungssystems steckt, sprechen chinesische Experten von einer Bildungskrise. **Denn Bildung war und ist in China durch hohe Schulgebühren ein teures Gut.** Zwar gilt in China die neunjährige Schulpflicht, und das seit 20 Jahren offiziell gebührenfrei. Allerdings müssen die Schüler für ihre Aufnahme, zusätzliche Programme und Arbeitsmaterialien eine bestimmte Summe an ihre Schule bezahlen. Weil die Finanzierung aus dem Staatshaushalt nicht reicht, sind viele Schulen auf diese Gebühren angewiesen, um einen regelmäßigen Schulbetrieb aufrechterhalten zu können. Nur etwa 25 Prozent des staatlichen Bildungsbudgets gelangt in die ländlichen Gebiete Chinas, wo etwa zwei Drittel der Bevölkerung leben. Das zweite große Problem des Bildungssystems: Nur wenige Eliteschulen sind auf internationalem Niveau, die überwiegende Mehrheit bietet nur eine äußerst mangelhafte Ausbildung. Inzwischen hat der Staat eingesehen, dass er der

Herausforderung nicht aus eigener Kraft gewachsen ist und setzt daher auf den **Aufbau eines privaten Bildungsmarktes**.

Demografie

Drei Jahrzehnte lang galt die 1979 eingeführte Geburtenkontrolle – ein Kind für Stadtfamilien, zwei auf dem Land – als rabiate, aber wirkungsvolle Methode, Chinas Bevölkerungsexplosion einzudämmen. Doch was kurzfristig half, Hunderte Millionen Chinesen aus der Armut zu holen, droht nun zur Bürde für Chinas noch dünnen Wohlstand zu werden. Zwar ist Chinas Bevölkerung im Durchschnitt noch etwa 20 Jahre jünger als die westlicher Staaten, aber aufgrund der Ein-Kind-Politik findet die Vergreisung der Gesellschaft nun im Zeitraffer statt. Derzeit sind knapp 8 Prozent der Chinesen im Rentenalter, doch schon 2020 werden es 12 Prozent und 2050 sogar ein Viertel sein – rund 300 Millionen Rentner also, mehr als doppelt so viel wie in allen europäischen Industrienationen zusammen. Das ist insofern kritisch, da die chinesischen Rentner nicht wie andere Senioren für ihren Lebensabend sparen können, sondern sich auf ihre Kinder verlassen müssen. Zukünftig kann es also dazu kommen, dass ein Kind für zwei Eltern und eventuell sogar noch für vier Großeltern sorgen muss. **„Das Alterungsproblem wird einen großen Einfluss auf unsere Wirtschaft, Gesellschaft und Kultur haben"**, sagte Chinas Vizepremier Hui Liangyu. „Die Regierung sucht deshalb nach einem System von Grundrente, Unterhaltszuschüssen und medizinischer Versorgung für alte Menschen in den Städten und auf dem Land." Bisher ist sie bei ihrer Suche noch nicht erfolgreich gewesen.

Arbeitskräftemangel

China, unerschöpflicher Pool billiger Arbeitskräfte – das war einmal. In den südchinesischen Boomregionen fehlen etwa 20 Prozent der benötigten Facharbeiter und ungelernten Hilfskräfte. Allein das Perlflussdelta in der Provinz Guangdong, auf die etwa ein Drittel des chinesischen Exports zurückfällt, bräuchte für seine knapp 500.000 Fabriken etwa zwei Millionen mehr Angestellte. Viele Bauern wollen nicht mehr für Billiglöhne in die Städte ziehen, denn obwohl sie auf dem Land noch immer nur ein Drittel so viel verdienen wie im

Landesdurchschnitt, sind die Lebenshaltungskosten in den Industrieregionen um ein Vielfaches gestiegen. Viele Fabriken müssen ihren Angestellten mittlerweile durchschnittlich doppelt so viel bezahlen wie noch vor zwei Jahren, damit sie ihre Aufträge erfüllen können – oder sie produzieren unter Kapazität. Zuspitzen wird sich die Lage noch, wenn die geburtenstarken Jahrgänge in Rente gehen und die Unternehmen und Fabriken nur noch auf die Generation der Einzelkinder zurückgreifen können. Dann steigen die Lohnkosten, bisher Chinas entscheidender Wettbewerbsvorteil. Billiglohnländer wie Indien oder Bangladesch werden damit zu starken Konkurrenten.

Finanzsystem

Traumdebüts chinesischer Banken an internationalen Börsen können nicht darüber hinwegtäuschen, dass in Chinas Finanzsystem noch einiges im Argen liegt. **Denn das Vertrauen der Investoren gilt weniger den chinesischen Bankern als der Regierung, die mit rund 940 Milliarden US-Dollar Devisenreserven in der Lage ist, für ihre Staatsbanken geradezustehen.** Doch diese sind noch immer weit davon entfernt, es mit internationalen Finanzinstituten aufnehmen zu können. Sie leiden unter faulen Krediten in Höhe von mindestens 190 Milliarden Dollar, hohen Betriebskosten, schlechtem Risikomanagement und starker politischer Einflussnahme. Noch verheerender ist die Lage der Börsen. Während Chinas Wirtschaft seit zwei Jahrzehnten mit über 8 Prozent pro Jahr boomt, schrumpfen die Börsen in Shanghai und Shenzhen. Hauptproblem ist die politische Kontrolle der Aktienmärkte: Zwei Drittel des chinesischen Aktienvolumens von rund 450 Milliarden US-Dollar sind noch immer in staatlicher Hand und nicht handelbar. Die Staatsaktien sollen nun zwar allmählich verkauft werden; rund 50 Unternehmen wurden bereits zur Privatisierung zugelassen. Aber noch kann keiner abschätzen, wie viele neue Aktien der Markt aufnehmen kann. **Und der Verkauf von Staatsanteilen ändert letztlich nichts daran, dass an den chinesischen Aktienmärkten vor allem unrentable Staatsbetriebe gelistet sind.** Deren Reform hat höchste Priorität.

Energie

China braucht Energie – und davon viel. **Seit Chinas Wirtschaft rasant wächst, herrscht jedes Jahr im Sommer Energieknappheit.** Da überall die Klimaanlagen laufen, passiert es nicht selten, dass in den Boomregionen in Südchina die Fabriken stillstehen: Stromausfall. Allein 2004 fehlten der Volksrepublik etwa 30 bis 40 Gigawatt. Deshalb ist die **Pekinger Regierung bemüht, die Energieeffizienz zu steigern**. Wegen der starken Umweltbelastungen plant sie weniger Kohlekraftwerke, stattdessen mehr Energie durch Öl und Gas sowie Wasserkraftwerke. Doch noch basiert Chinas Energieversorgung auf Kohle. Etwa 65 Prozent der verbrauchten Energie kommt aus Kohlekraftwerken (in Deutschland sind es 25 Prozent). Das könnte viel mehr sein, würden die Rohstoffe effizienter genutzt werden. Der Grund liegt auf der Hand: Die staatlichen Plansolls geben auch weiterhin vor, wie viel Wasser und wie viel Kohle die Fabriken und Privathaushalte verbrauchen können. „Anreize zum Sparen bestehen so kaum", sagt Paul Suding, Energie- und Umweltexperte der Gesellschaft für Technische Zusammenarbeit (GTZ). Nach Schätzungen der Energy Information Administration (EIA) könnte die Effizienz im chinesischen Energiesektor um 30 bis 50 Prozent erhöht werden und damit auch den Energiemangel mindern.

Rohstoffe

Chinas Außenpolitik ist vor allem Rohstoffpolitik. Um seinen Boommarkt mit Rohstoffen – von Öl über Stahl bis zu Edelmetallen – zu versorgen, muss die Volksrepublik auf den Weltmärkten einkaufen. Experten sprechen bereits von einem China-Effekt. Zu 40 Prozent geht der hohe Ölpreis auf die hohe Nachfrage aus China zurück. Dabei konsumiert China mit 20 Prozent der Weltbevölkerung erst 8 Prozent der jährlichen Ölförderung. Doch wenn Chinas Energiepolitik sich nicht radikal ändert, wird der Verbrauch in zehn Jahren bei 14 Millionen Barrel pro Tag liegen – doppelt so hoch wie heute. Um sich abzusichern, schließt Peking weltweit langfristige Lieferverträge zu astronomischen Summen ab. Da der Iran einer der größten chinesischen Erdöllieferanten ist, hat Chinas Öldurst inzwischen auch eine starke Auswirkung auf die Sicherheit im Nahen Osten. Außerdem ist China der größte

Handelspartner Afrikas, wo die Volksrepublik gegen Ressourcen Entwicklungshilfe anbietet.

Korruption

Seit zehn Jahren steht die Bekämpfung der Vetternwirtschaft ganz oben auf der Agenda der Regierung. Doch bisher hat die Kaderkriminalität nicht merklich nachgelassen. Im Gegenteil häufen sich die Anzeichen, dass mit Chinas Wirtschaft auch die Korruption wächst. Im ersten Halbjahr 2006 deckte das National Audit Office, Chinas Rechnungshof und oberste Antikorruptionsbehörde, im Staatsapparat Unterschlagungen in Höhe von 2,93 Milliarden Euro auf. Im gleichen Zeitraum wurden nach Angaben des Pekinger Volksgerichtshofs über 10.000 Beamte der Korruption schuldig befunden – ein deutlicher Anstieg gegenüber den letzten fünf Jahren, in denen insgesamt 83.308 Kader verurteilt wurden. Das Problem durchdringt alle Parteiebenen. Um dem Problem Herr zu werden, setzt die Parteiführung auf schärfere Kontrollen, striktere Gesetze, härtere Strafen und öffentliche Abschreckung. Kritiker glauben jedoch, dass sich das Problem erst in den Griff bekommen lässt, wenn in China der Rechtsstaat gestärkt wird.

3. Gesellschaft und Kultur

3.1 Bevölkerungsstruktur und -entwicklung

China ist mit 1,3 Milliarden Menschen das bevölkerungsreichste Land der Erde. In der chinesischen Geschichte hat die Überbevölkerung häufig Hungersnöte verursacht und das Reich der Mitte in wirtschaftliches und politisches Chaos gestürzt. Chinas Bevölkerung lag in den 1950er Jahren noch bei etwa 550 Millionen Menschen. 1970 waren es schon 825 Millionen Menschen, Anfang der 1980er Jahre wurde die Milliardengrenze zum ersten Mal durchbrochen, 1990 waren es dann 1,13 Milliarden Menschen und im Jahre 2000 1,26 Milliarden Menschen. Trotz niedriger Lebenserwartung stieg die Bevölkerung Chinas in den 1950er Jahren stark an. Mao war der Meinung, dass ein starkes China eine hohe Bevölkerung haben sollte. **In den 1960er Jahren dachte die chinesische Regierung zum ersten Mal über Geburtenkontrolle nach.** Während des Durcheinanders der Kulturrevolution geriet die Bevölkerungsplanung in Vergessenheit. Ende der 1970er Jahre war man dann der Meinung, dass zu schnelles Bevölkerungswachstum einen schnellen wirtschaftlichen Aufschwung verhindert. **1979 wurde** somit **die umstrittene Ein-Kind-Politik eingeführt**.

Unter Strafe wurden Familien angehalten, nur ein Kind zu haben. Um dieser Regelung Nachdruck zu verleihen, schreckte die Regierung auch nicht vor Zwangssterilisationen und Schwangerschaftsabbrüchen zurück. Es zeigte sich, dass vor allem in den städtischen Zentren die Ein-Kind-Politik weitgehend durchgesetzt werden konnte. **Auf dem Land hingegen zeigte die Politik wenig Wirkung**. Laut chinesischer Regierung hat die Ein-Kind-Politik dazu geführt, dass heute etwa 300 Millionen Menschen weniger im Reich der Mitte leben. Die sozialen Folgen waren jedoch immens. In Familien mit lediglich einem Kind wurde dieses so umsorgt, dass es kaum Sozialkompetenzen entwickeln konnte. Hinzu kam, dass die chinesische Gesellschaft überalterte und das Konzept der Großfamilie unter Druck setzte und infrage stellte. Auch wurde es schwierig, ältere Familienmitglieder zu unterstützen, da ein Kind in der Regel nicht genug war. Weibliche Föten wurden vermehrt abgetrieben und ungewollte Mädchen in Waisenhäuser abgeschoben. Chinesen sahen den Fortbestand ihrer Familien nur gewährleistet, wenn unter der Ein-Familien-Politik ein Sohn geboren wurde.

Erst 2004 wurde die Ein-Kind-Politik gelockert und die bis dahin möglichen Vergünstigungen wie kostenlose Krankenversorgung oder Wohnungs- und Arbeitsplatzgarantie wurden weitgehend abgeschafft. **Mittlerweile hat eine chinesische Frau statistisch 1,8 Kinder.** Chinas Bevölkerung, so wird angenommen, wächst derzeit um 0,6 Prozent.

Chinas **Bevölkerungsdichte** liegt derzeit bei etwa **135 Menschen pro Quadratkilometer**. Das ist relativ gering und hängt damit zusammen, dass Chinas Westen stark unterbesiedelt ist. Die dichteste Besiedlung Chinas befindet sich an der Ostküste, dem wirtschaftlich erfolgreichsten Landesteil. **Die Anzahl der städtischen Bevölkerung liegt bei etwa 45 Prozent.** 1949, zum Zeitpunkt der Gründung der Volksrepublik, lag sie noch bei lediglich 10 Prozent. Das lässt sich vor allem darauf zurückführen, dass besonders in den 1960er Jahren die kommunistische Ideologie vorsah, dass die Bevölkerung in der Landwirtschaft arbeiten sollte.

Ethnische Gruppen

Die Volksrepublik China erkennt offiziell 65 verschiedene ethnische Gruppen an. **Mit über 90 Prozent (91,9%) der Gesamtbevölkerung sind die Han-Chinesen die größte Gruppe.** Alle anderen ethnischen Gruppen werden als ethnische Minderheiten angesehen:

Name	Mitglieder (in Millionen)	Verbreitung
Zhuang	16 Millionen	Guangxi Zhuang Autonome Region (Südchina) sowie in den folgenden Provinzen: Yunnan, Guangdong, Guizhou und Hunan
Manchu	10 Millionen	Ursprünglich Nordostchina, heute weitestgehend assimiliert mit Han-Chinesen

Hui Muslime	9 Millionen	Hauptsächlich Nordwestchina (Ningxia, Gansu, Xinjiang), aber auch vereinzelt im ganzen Land verstreut
Uyghur Turkmenen	8 Millionen	Xinjiang Uyghur Autonome Region und in Hunan-Provinz in Südzentralchina
Yi	8 Millionen	Hauptsächlich in den Bergregionen von Sichuan, Yunnan und Guangxi
Tujia	5 Millionen	Grenzgebiet der Provinzen Human, Hubei, Guizhou und der Chongqing Munizipalität
Mongolen	5 Millionen	Innere Mongolei, Nordostchina und Xinjiang
Tibeter	5 Millionen	Tibet Autonomes Gebiet
Miao	3 Millionen	Bergregionen im südlichen China
Buyei	3 Millionen	Bergregionen der Guizhou, Yunnan und Sichuan
Koreaner	2 Millionen	Nordostchina

Während der 1950er Jahre wuchsen die Minderheiten um etwas über 6 Prozent, 1990 waren es schon 8 Prozent, 2000 dann fast 8,5 Prozent und 2006 schon 9,5 Prozent. Laut Untersuchungen, die vor Kurzem durchgeführt wurden, ist das Bevölkerungswachstum von Minoritäten in China etwa siebenmal so groß wie das der Han-Chinesen, die nicht von der Ein-Kind-Politik betroffen sind.

3.2 Die Bevölkerung

Traditionell verlassen sich Chinesen auf guanxi (zu deutsch Verbindung), ein engmaschiges Netz von Familienmitgliedern und Freunden, die in schwierigen wie in weniger schwierigen Zeiten aushelfen. Guanxi wird aber auch häufig benutzt, um eine Sache voranzutreiben. Statt des offiziellen Weges nimmt man daher eher die Hintertür und bedient sich seiner Verbindungen. Von Gefallen, die dabei gemacht werden, erwartet man in der Zukunft einen Gefallen zurück – so ist sichergestellt, dass das Verbindungssystem gut weiterfunktioniert. **Guanxi ist das Rückgrat aller Geschäfts-, aber auch vieler Sozialbeziehungen.**

In der chinesischen Kultur das Gesicht verlieren

Anders als westliche Menschen legen Chinesen keinen großen Wert auf Privatsphäre. Das gilt im täglichen Leben, ob zu Hause, auf der Straße oder selbst auf der Toilette. Gerade alte chinesische Toiletten haben selten Türen. Die niedrigen Mauern zwischen den „Kabinen" erlauben ein Gespräch mit demjenigen, der sich in der Nachbartoilette befindet. Obwohl diese Toiletten mitlerweile Stück für Stück durch moderne Toiletten ersetzt wurden, findet man sie noch, vor allem auf Bahnhöfen und Busstationen oder in weniger entwickelten Teilen des Landes. **Im Restaurant essen Chinesen nicht allein, sondern am liebsten in großen Gruppen.** Freizeitaktivitäten wie etwa Besuche von öffentlichen Attraktionen unternehmen Chinesen gerne in Gruppen, die dann in der Regel einen hohen Geräuschpegel produzieren. **Auch in Bussen oder in Zügen halten Chinesen wenig physische Distanz.** Ausländer fühlen sich häufig in diesen Situationen beengt. Die meisten Chinesen sind in kleinen, engen Verhältnissen aufgewachsen und sind es daher gewohnt, ständig mit anderen zusammen zu sein.

Ausländer werden immer noch häufig als Kuriosität angesehen. Das gilt vor allem in der Provinz, wo Ausländer mit Kichern, aber Neugier empfangen werden. In ländlichen Gebieten kann es auch vorkommen, dass Chinesen herlaufen, um den Ausländer aus der Nähe zu begutachten. Gelegentlich werden Ausländer auch nur angestarrt. Es ist nicht ungewöhnlich, dass die Chinesen Ausländern ein freundliches „Hello" entgegenwerfen. Das ist nicht abwertend gemeint, sondern entspricht eher der Art, wie Chinesen in solchen Situation reagieren. Dem Fremden mag das vereinzelt unangenehm vorkommen, und jeder geht damit anders um. **Ein Lächeln ist immer passend. Man kann auch ein freundliches „ni**

Gesellschaft und Kultur

hao" – „hallo" auf Chinesisch – sagen. Oder man winkt mit der Hand. Sich zu ärgern bringt wenig. Die Chinesen wüssten auch nicht, warum man sich ärgert und würden derartiges Benehmen als arrogant empfinden. Chinesen sind allerdings immer bereit, bei Ausländern ihr Englisch auszuprobieren.

Händeschütteln zur Begrüßung gehört nicht zu den chinesischen Traditionen, obwohl es unter Männern vermehrt praktiziert wird. Männer, wenn sie gute Freunde sind, umarmen sich schon mal oder schlagen sich gegenseitig auf die Schulter. **Bei Geschäftstreffen ist es wichtig, als erstes die Visitenkarte auszutauschen, und zwar mit beiden Händen.** Hat man die Karte von einem Chinesen entgegengenommen, ist es höflich, dem Gegenüber Respekt entgegenzubringen und die Karte und somit die Position des anderen anzuerkennen. Selbst in Läden geben Chinesen das Wechselgeld häufig mit beiden Händen.

Spucken wird in vielen Gesellschaften als unsozial angesehen, **in China ist es jedoch völlig normal und gesellschaftlich akzeptiert.** Ob im Bus, im Zug, auf der Straße oder selbst im Restaurant, Chinesen spucken gerne. Es wurzelt aber auch in ihrem Verständnis von Gesundheit, nach welchem „Schlechtes" nicht im Körper bleiben darf, sondern heraus muss. Selbst mitten in einem Gespräch drehen Chinesen manchmal den Kopf zur Seite um zu spucken. Da Spucken nach heutigem Verständnis nicht sehr hygienisch ist, wurde versucht, Spucknäpfe an markanten Punkten aufzustellen, wie etwa in Restaurants. In einer Kampagne wurden an Taxifahrer in Shanghai Tüten verteilt, damit sie nicht aus dem Fenster spucken. Gerade im Hinblick auf die Olympischen Spiele gibt es viele solcher Kampagnen, die jedoch nur allmählich Wirkung zeigen. **Rauchen ist vor allem bei chinesischen Männern ein fast universeller Zeitvertreib. Es wird ständig und überall geraucht. Auf Unverständnis stößt der Versuch, jemanden vom Rauchen abzuhalten.** Es gilt als höflich, Zigaretten anzubieten, und wie in vielen anderen Ländern wird Rauchen in China als völkerverständigend angesehen. Es ist unhöflich, angebotene Zigaretten abzulehnen. In letzter Zeit ist aber der chinesischen Regierung bewusst geworden, dass Rauchen gesundheitsschädlich ist, und es wird vermehrt auf die Gefahren des Rauchens hingewiesen.

Nach wie vor spielt die Familie in China eine zentrale Rolle. Die Familie gibt Sicherheit, und es ist normal, dass Familienmitglieder füreinander aufkommen. So sorgen die Großeltern sich um die Enkelkinder, und umgekehrt wird erwartet, dass sich Söhne und Töchter vor allem finanziell um ihre Eltern kümmern, wenn diese älter werden. **Der Familienclan ist eine Institution**, auf die man sich als Familienmitglied verlassen können sollte. Das moderne China hingegen bringt neue Herausforderungen, denen viele nur unzureichend gewachsen sind. Steigende Lebenskosten sowie die größere Auswahl von Konsumgütern setzen viele junge Chinesen, die eine Familie gründen wollen, unter Druck. Häufig muss daher eisern gespart werden, bis man sich eine Familie leisten kann. Auch sehnen sich viele jungen Chinesen – vor allem in den städtischen Zentren – danach, von der Familie etwas unabhängiger zu sein und mehr eigene Entscheidungen treffen zu können.

Traditionell kleiden sich die Chinesen eher konservativ, aber selbst dies lockert sich immer mehr. Vor allem Frauen tragen im Sommer gerne offenere Kleidung, vor allem in den Städten. Von westlichen Ausländern wird erwartet, dass sie sich ordentlich kleiden. Auch wenn chinesische Männer zuweilen in kurzen Hosen an heißen Sommertagen auf die Straße gehen und viele Chinesen in der Freizeit ihre Hosenbeine hochkrempeln, wird von westlichen Männern erwartet, dass sie lange Hosen tragen. **Gute Kleidung hilft auch, von Chinesen stärker respektiert zu werden.** Chinesen gehen davon aus, dass ein westlicher Ausländer genug Geld hat, um sich gute Kleidung zu leisten, schon allein, weil er in der Lage war, sich ein teures Flugticket nach China zu kaufen.

3.3 Religion

Chinas religiöses und spirituelles Denken ist von den sich gegenseitig ergänzenden „Drei Lehren" geprägt, **dem Taoismus, dem Konfuzianismus und dem Buddhismus**.

Taoismus

Der Taosimus entstand in China vor etwa 2.500 Jahren und wird in seinen Ursprüngen dem Gelehrten Laozi (Der „Alte Meister") zugeschrieben. Laozi soll im 6. Jahrhundert vor Christus gelebt haben, zu einer Zeit, als sich Denker und Weise in China intensiv mit Dingen wie Staatsfrieden und -stabilität beschäftigten und damit die Fundamente für spätere philosophische Strömungen in China legten. Laozi gilt als Verfasser eines dünnen, aber aussagekräftigen Werks (das „Daodejing") von etwa 5.000 chinesischen Schriftzeichen, das allgemein als Gründungsschrift des Taoismus anerkannt wird. Im „Daodejing" findet sich ein Leitfaden, der auf der einen Seite für die Entwicklung der eigenen Persönlichkeit benutzt werden kann, aber auch politischen Herrschern als Anleitung zum Gestalten und Regieren des Staates dienen kann. Das **„Daodejing"** hat mitlerweile einen neuen Titel bekommen: **„Das Buch vom Dao und vom De". Diese beiden Zentralbegriffe des Taoismus kann man etwa als „Weg", „Sinn", „Tugend" oder „Leben" übersetzen.** „Dao" beschreibt hier einen Lebensfaden für Menschen, der eine Existenz in Harmonie mit Natur und Universum vorgibt.

Der Philosoph und Schriftsteller **Zhuangzi**, der im 3. Jahrhundert vor Christus lebte, griff die Gedanken des „Daodejing" auf und entwickelte sie weiter zum „Nan Hua Zhen Jing" (Das wahre Buch vom südlichen Blütenland) und thematisierte die Mystik des Taoismus. Hiermit schuf Zhuangzi die zweite zentrale Schrift des Taoismus. Anders als im „Daodejing" lehnte Zhuangzi das Politische ab und konzentrierte sich vielmehr auf die mystische Verbindung zum Dao (der „Weg", die „Straße", der „Pfad"), was im klassischen Konfuzianismus der „Methode", dem „Prinzip" und dem „rechten Weg" entspricht. **Zhuangzi schwebte ein Mensch vor, der frei von jeglichen Zwängen, Normen, Vorschriften und Sorgen physische und geistige Freiheit erlebt.** Statt im weltlichen Sinne zu herrschen, besitzt der Mensch für Zhuangzi ein kosmisches Dasein, welches stärker und vollkommener ist als alle anderen Lebensformen und das sogar auf der Suche nach Unsterblichkeit hilft.

Obwohl als Philosophie und Religion verstanden, wird Taoismus als die einzige in China gewachsene Religion angesehen. (Der Buddhismus kam aus Indien und der Konfuzianismus ist eigentlich eine Philosophie, keine Religion.)

Konfuzianismus

Konfuzianismus ist ein komplexes philosophisches System von moralischen, soziologischen und politischen Denkweisen, das Chinas (und Ostasiens) Gesellschaft und Geschichte bis tief in das 21. Jahrhundert prägt. **Konfuzius** wurde wahrscheinlich im Jahre 552 vor Christus mit dem Namen Kong in eine aristokratische Familie geboren. Seine Geburtsstadt war Qufu in der heutigen Provinz Shandong, in der er auch starb. Konfuzius erlebte früh die Unruhen und Kriege, die China zu seiner Zeit durchmachte. **Er sah, dass sich das gesellschaftliche Leben verbessern könnte, wenn sich die Menschen vernünftig verhalten würden.** Konfuzius entwickelte soziale und moralische Werte. Er begann, die Herrscher besseres Regieren zu lehren, wurde aber ähnlich wie Sokrates im alten Griechenland weitestgehend von den Mächtigen ignoriert. Anders als bei einer Religion im herkömmlichen Sinne, **geht es im Konfuzianismus eher um eine Reihe von moralischen und sozialen Werten.** Diese Werte wurden so entwickelt, dass sie, wenn man sie als Leitfaden im Leben benutzt, Bürgern und Regierungen gegenseitige Harmonie gewährleisten und somit politische und soziale Stabilität bringen.

Die Lehre des Konfuzianismus umfasst **fünf Tugenden**: **Gegenseitige Liebe beziehungsweise Menschlichkeit, Rechtschaffenheit, Gewissenhaftigkeit, Ehrlichkeit und Gegenseitigkeit.** Daraus ergaben sich die **drei sozialen Pflichten: Loyalität, kindliche Pietät und Wahrung von Anstand und Sitte**.

Einen Gott gibt es im Konfuzianismus nicht. Vielmehr hat der Mensch die Möglichkeit, durch moralische Diziplin und eisernes Praktizieren der fünf Tugenden menschliche Perfektion zu erreichen. Teil des konfuzianischen Weges ist eine strikte Hierachie, die Gehorsam gegenüber Autoritäten verlangt, etwa zwischen Herrschern und Beherrschten, Vater und Sohn, älterem Bruder und jüngerem Bruder. Auch das sollte Ordnung schaffen, hat aber in der chinesischen Geschichte totalitären Regierungsstrukturen eine theoretische Basis gegeben. Seit der Han-Dynastie (206 v. Chr. bis 220 n. Chr) ist der Konfuzianismus institutioneller Teil des Regierens in China. Ihm ist auch zum Teil die Entstehung der notorischen chinesischen Bürokratie zu verdanken, da vor allem Männer einen Großteil ihrer Zeit damit verbrachten, die verschiedenen Schriften Konfuzius' zu studieren. Gute Konfuzius-Kenntnisse waren notwendig, um die Prüfungen zu bestehen, die Grundvoraussetzung einer Einstellung im Staatsapparat waren. Dies hielt an bis zum frühen 20. Jahrhundert. **Dennoch wird dem Konfuzianismus gutgeschrieben, einen großen Beitrag zur sozialen Einheit in China geleistet zu haben.** Anders als in Europa, hat der Konfuzianismus China vor Religionskrisen bewahrt. **Konfuzianismus spielt im heutigen China aber immer noch eine wichtige Rolle, auch wenn der hierarchische Gehorsam vor allen auf junge Chinesen abstoßend wirkt.** Die Lehre des Konfuzius erlebte eine Renaissance, zuletzt während der 1990er Jahre im Rahmen der sogenannten asiatischen Wertedebatte. In dieser ging es im Grunde um konfuzianistische Werte, die chinesisch geprägte Länder Ost- und Südostasiens vorschoben, um gegen die vom Westen propagierten Menschenrechte zu argumentieren. So wird Konfuzianismus heute auch noch als „Staatsreligion" angesehen, da die chinesische Regierung stark konfuzianistische Werte fördert.

Buddhismus

In Indien im 4. Jahrhundert v. Chr. entstanden, fand der Buddhismus seinen Weg nach China im 2. Jahrhundert v. Chr. Dies war eine direkte Folge der ersten Kontakte zwischen China und Zentralasien, die durch die Öffnung der Seidenstraße entstanden waren. Während der Tang-Dynastie (618 bis 907 n. Chr.) erlebte der Buddhismus in China eine kurze und heftige Blütezeit. Die exotische Erscheinung des Buddhismus fand mit den fremden Gesängen, bunten Gewändern, den neuartigen Gerüchen und den bunten Bildnissen zunächst Anklang vor allem bei den Chinesen, die den formellen und strikten Regeln des Konfuzianismus überdrüssig geworden waren. Kritiker hatten Bedenken, dass der Buddhismus an den Fundamenten der chinesischen Kultur und Identität rütteln könnte, die sich streng auf den Konfuzianismus bezog. **So machte es Sinn, dass die chinesische Variante des Buddhismus konfuzianistische Elemente integrierte.**

Die meisten Schulen des indischen Buddhismus lehren, dass das irdische Leben eine Aneinanderreihung von Leiden ist, in dem Menschen geboren werden, alt werden und dann sterben, um in anderen Körpern wiedergeboren zu werden. Der einzige Weg, diesen Zirkel zu durchbrechen, sei das Erreichen des Nirvanas. Damit waren materielle Bedürfnisse nicht mehr wichtig. **Der Buddhismus ist im Gegensatz zum**

Konfuzianismus sehr auf das Individuum ausgerichtet und setzte sich in China daher nur schwer durch. Der chinesische Buddhismus folgte somit der Schule des Mahayana-Buddhismus, dem zugrunde liegt, dass die individuelle „Erleuchtung" nur dann gelingen kann, wenn anderen Menschen dabei geholfen wird. Die „Erleuchteten" verblieben in der Welt, um anderen Gutes zu tun. Der Kerngedanke des chinesischen Buddhismus zielte auf eine harmonierende Beziehung mit der Welt.

In China entstand mit dem **Zen-Buddhismus** eine Abweichung vom Mahayana-Buddhismus. Der Zen-Buddhismus ist weitgehend vom Taoismus beinflusst worden und hat die **mystische Erfahrung als Ziel**. Die Anhänger dieser Form des Buddhismus streben nicht das Nirvana an, sondern eher ein Leben, dass den Weg ins Nirvana vorsieht. Den Chinesen kam entgegen, dass der Buddhismus kaum dogmatische Strukturen hat und daher mit dem Konfuzianismus nicht direkt konkurriert. **Die Chinesen waren in der Lage, den Buddhismus ihren eigenen Bedürfnissen anzupassen.**

Andere fremde Religionen neben dem Buddhismus haben in China nur bedingt Fuß fassen können. Dazu gehören vor allem der **Islam** und das **Christentum,** die beide wie der Buddhismus über die Seidenstraße China erreichten. Obwohl knapp 40 Millionen Chinesen heute dem Islam angehören, hat die rigide Stuktur des Korans in China nur geringe Chancen. Dazu besitzen die Chinesen eine zu flexible Lebensauffassung. Das fiel auch den ersten jesuitischen Missionaren auf, die im 16. und 17. Jahrhundert nach China gelangten. Diejenigen Chinesen, die sich gut im Taoismus, Konfuziniasmus und Buddhismus auskannten, standen anderen fremden Religionen von Natur aus mit Skepsis gegenüber. Und den einfachen Bauern genügten die existierenden Religionen, die ihnen erlaubten, sowohl mit den Ahnen zu kommunizieren als auch ein Ordnungssystem für das tägliche Leben zu finden, was in China von je her wichtig war.

3.4 Literatur, Kunst, Musik, Theater/ Kino, Sport, Medien

Wie vieles in China ist auch die Kunst und Kultur des Landes mehrere Tausend Jahre alt. **Kultur und Tradition haben nach wie vor noch einen großen Einfluss auf die chinesi-**

sche Gesellschaft, wenngleich in den vergangenen Jahren vor allem die jüngere Generation in den Städten sich mehr für materiellen Wohlstand als für Traditonsausübung interessiert. Die Älteren werfen den Jüngeren vor, sie hätten keine Vorstellung von der Zerstörungskraft, die die Kulturrevolution auf Chinas Traditionen hatte und dass es daher wichtig sei, Kultur lebendig zu halten. **Die UNESCO listet derzeit 33 Bauwerke und Orte in China als Weltkulturerbe.** Nur Italien ist mit über 40 Bauwerken noch stärker vertreten. Die berühmtesten Kulturstätten Chinas sind die **Chinesische Mauer**, vor allem außerhalb von Peking, die **Terrakotta-Armee** in Xi'an und der **Kaiserpalast als Teil der Verbotenen Stadt in Peking.**

Chinesische Literatur hat eine 3.000 Jahre alte Geschichte. Literatur war nicht nur die Beschreibung von gesellschaftlichen Erscheinungen, sondern auch ein Mittel der Politik. Literaten versuchten, mit ihren niedergeschriebenen Gedanken die chinesische Gesellschaft zu beeinflussen und den Gang der Geschichte zu ändern. Literatur unterlag sprachlichen Veränderungen wie etwa Wortwahl und Redewendungen. Manche Gedichte aus dem chinesischen Altertum erscheinen daher heute aus dem Kontext gerissen. **Bis heute haben allerdings die Hauptwerke der großen chinesischen Philosphen nach wie vor hohen Stellenwert. Darunter fallen Konfuzius, Laotse (Laozi) und Mengzi (Mencius).** Die Lehre Konfuzius' und anderer Literaten ist in den „**Fünf Klassikern**" zusammengetragen, die als Standardwerke der klassischen chinesischen Literatur angesehen werden und zum Studium des Konfuzianismus empfohlen werden: **Das Buch der Wandlungen, das Buch der Lieder, das Buch der Urkunden, das Buch der Riten und die Frühlings- und Herbstannalen.**

Chinesische Kalligrafie ist eng mit der chinesischen Malerei verbunden. Mit den „Vier Schätzen des Gelehrtenzimmers", dem Schreibpinsel, der Stangentusche, dem Reibstein und dem Papier entstand eine außerordentliche Kunstrichtung. **Kalligrafie ist neben dem Go-Spiel, der Malerei, der Musik die vierte der Künste.** Bekannte Vertreter der Kalligrafie waren in der Regel auch bekannte Maler. Kalligrafie hat bis heute einen hohen Prestigewert in der chinesischen Bevölkerung. Die chinesische Malerei zeichnete anders als in der westlichen Welt weniger ein individueller Stil aus, sondern eine künstlerische Reife, die erst im hohen Alter des Malers erreicht wurde. Ein Großteil der chinesischen Malerei beschäftigt sich mit Landschaften. Hierbei ging es weniger um die naturgetreue Darstellung, sondern mehr um die Wiedergabe von Stimmungen, die der Maler empfunden hat. Während westliche Bilder eingerahmt werden und in der Regel einen festen Platz an der Wand haben, sind chinesische Bilder auf Seide oder Papier gemalt und werden bei Bedarf hervorgeholt, um sie zu betrachten. **Chinesische Bilder haben auch wesentlich weniger Farben als westliche Bilder, da diese nur die Sinne durcheinanderbringen .**

Die Chinesen sind auch **Meister der Gartenkunst**, die sich über 3.000 Jahre in China entwickelt hat. Anders als bei europäischen Gärten, in denen die Pflanzen im Vordergrund stehen, sind chinesische Gärten **Abbilder des Universums**. In diesem „Universum" geht es darum, **Harmonie zwischen Erde, Himmel, Steinen, Wasser, Gebäuden, Wegen und Pflanzen** (den sogenannten sieben Dingen) zu erzeugen. Hinzu kommt der Mensch als Achter und macht somit die vollkommene Harmonie perfekt. Wichtige Bestandteile chinesischer Gärten neben Pflanzen sind Wasser, Brücken und Steine. **Seit der Song-Dynastie (960 bis 1279) ist festgelegt, welche Pflanzen in einen klassischen chinesischen Garten gehören.** Darunter fallen unter anderem Päonien (erfülltes Frauenleben mit Liebe oder Reichtum) und Kiefern (Männlichkeit) sowie Winterkirsche (Winterblüte, daher Mut), Trauerweide (Frühlingsbeginn, daher sexuelles Symbol), Chrysantheme (Herbstblume, daher Zähigkeit und Tapferkeit).

Musik

Wie sehr chinesische traditionelle Musik in China mit Literatur verwurzelt ist, zeigt sich am **„Buch der Lieder"**. Geschrieben zwischen 1000 und 600 v. Chr. ist das Buch **eine Ansammlung von über 300 Gedichten und anderen Texten, die singend vorgetragen wurden** und daher den **Status des Volksliedes** bekamen. Konfuzius soll die Texte aus Tausenden Stücken ausgewählt und zusammengetragen haben. Man vermutet auch einen religiösen Hintergrund der Stücke, die wohl in Ahnentempeln mit Begleitmusik vorgetragen wurden. Das „Buch der Lieder" gehört zu den fünf Klassikern der chinesischen Literatur.

Gesellschaft und Kultur

Chinesische Musik diente ursprünglich dazu, die Harmonie mit dem Kosmos zu pflegen. Für Konfuzius war sie Zweck- und Transportmittel für moralische und gesellschaftliche Erziehung. Musik nahm also eine gesellschaftliche Rolle ein, wenngleich Musiker nie den gleichen Stellenwert in der chinesischen Gesellschaft hatten wie etwa Schriftsteller oder Maler. Musikalischer Einfluss aus dem Ausland, vor allem aus Mittelasien, leitete einen Säkularisierungsprozess der chinesischen Musik ein. Dieser fand einen Höhepunkt während der Tang-Dynastie (617 bis 907). Es folgten erste Formen des Musiktheaters, aus denen schließlich die chinesische Oper entstand.

Sport

Sport wird in China großgeschrieben. Die Sportgeschichte in China ist 3.000 Jahre alt. In Asien und auch zunehmend weltweit sind chinesische Sportler führend. Vor allem bei den **Olympischen Spielen** gehört China zur Weltspitze. **Seit 1992 war China beim Medaillenspiegel immer unter den ersten vier Plätzen vertreten.** China ist Organisator und Gastgeber der nächsten **Olympischen Spiele im Jahre 2008.** Die chinesische Regierung hat große Geldsummen für den Bau von hochmodernen Sportstätten bereitgestellt. In China durchlaufen Athleten harte Trainingsschulen, die höchste Leistungen abverlangen und **Erfolg vor individuelle Bedürfnisse** stellen. **Fußball rückt ebenfalls mehr und mehr in den Vordergrund.** Die chinesische Nationalmannschaft ist erfolgreich in Asien, und einige Spieler konnten sich sogar Verträge in europäischen Ligen sichern. Schon vor über 3.000 Jahren kickten Chinesen den Lederball in der heutigen Provinz Shandong. 2003 hat die internationale Fußballföderation FIFA China offiziell als Geburtsland von Fußball anerkannt. **Populär sind in China auch verschiedene Kampfsportarten, außerdem Tischtennis und Badminton; Golf hat eine alte Tradition.** In der Inneren Mongolei und in Tibet finden regelmäßig Pferdesportspiele statt. Aber der vielleicht **bekannteste chinesische traditionelle Sport ist Drachenbootrennen.** Rennen finden alljährlich im Juni während des Duan Wu Festival (auch Drachenbootfestival) zu Ehren des Poeten Qu Yuan (etwa 340 bis 278 v. Chr.) statt. Auf langen und schmalen, buntbemalten Paddelbooten mit einem großen, furchteinflößenden Drachenkopf am Bug und dem takthaltenden Trommlern am Heck wetteifern Drachenboot-teams um den Sieg. Seit 1991 regelt die International Dragon Boat Federation, in der 60 Länder weltweit Mitglied sind, internationale Rennen.

Medien

Chinas Medien sind vielfältig geworden. Kam noch während der Kulturrevolution jegliches Medienleben zum Stillstand, publiziert das Land mitlerweile **über 2.000 Tages- und Wochenzeitungen.** Über 3.000 Radio- und Fernsehstationen sowie mehr als 500 Verlage soll es geben. **Vor allem in den Städten gibt es mittlerweile breiten Zugang zum Inter-net.** Die chinesische Regierung versucht allerdings zu kontrol-lieren, welche Webseiten ein Internetbenutzer aufrufen kann. Dazu benutzt sie spezielle Software, die bestimmte Websei-ten blockiert. Ziel dieser Blockaden sind häufig westliche Nachrichtenseiten. **Auch bloggen ist der chinesischen Regierung ein Dorn im Auge, da sich Regimekritiker im Internet gerne frei austauschen.** So berichtet beispiels-weise seit 2006 Zeng Jinyan in ihrem Blog über das Leben ihres Mannes Hu Jia, der als Aids-Aktivist bekannt wurde und unter Hausarrest steht.

Die wichtigste englischsprachige Zeitung in China ist *China Daily* **mit einer Zirkulation von über 300.000 Exemplaren.** Zum verlagseigenen Konzern gehören auch elf weitere Zeitungen und Zeitschriften, unter anderem *China Business Weekly* und *Shanghai Star*. China verbreitet auch Nachrichten über Radio China International, das Programme in Dutzenden Sprachen, unter anderem auf Deutsch, ausstrahlt.

Journalisten müssen sich nach wie vor mit den Lehren von Mao auskennen und im Sozialismus bewan-dert sein. Parteigremien wachen darüber, dass die offizielle politische Linie eingehalten wird. Kontrolliert werden Nach-richten vor allem über die **staatliche Nachrichtenagentur Xinhua (Neues China),** die unangefochten eine Monopol-stellung in China einnimmt. Xinhua wird dennoch häufig in westlichen Medien als Quelle für eine chinesische Perspektive zitiert. Nicht jede kritische Berichterstattung wird von der chinesischen Regierung unterdrückt. Im Kampf gegen Korrup-tion bedient man sich gerne den Informationen investigativer Journalisten, um die Gesetzesbrecher an den Pranger zu stellen. Die chinesische Regierung hat jedoch zunehmend

Gesellschaft und Kultur

Schwierigkeiten, den undurchsichtigen Informationsfluss zu dirigieren, und gelegentlich kommen unzensierte Informationen ans Tageslicht. Chinas Machthaber haben Bedenken, dass zu viel freie Meinungsäußerung zu Instabilität und Unruhen führen kann, wie Ende der 1980er Jahre, als die Studenten in Massen auf die Straße gingen.

Die deutsche Filmindustrie entdeckt China. Branchenführer Constantinfilm AG hat seine Produktion *Dead or Alive* mit Bernd Eichinger als einem der Produzenten weitgehend an Originalschauplätzen in Guilin und den Filmstudios in Hengdian hergestellt. „Das war ein erster Versuch, der sehr gelungen ist", resümiert Constantin-Vorstand Martin Moszkowiecz. „Die Infrastruktur für Dreharbeiten hat sich in den letzten Jahren erheblich verbessert." Zudem sei China sehr kostengünstig. „Wir werden nun vermehrt in China produzieren." Der Film kam 2006 in die Kinos. Es handelt sich um eine Videospiel-Verfilmung einer der beliebtesten japanischen Spieleserien.

Bisher spielt der deutsche Film keine große Rolle in China. Die letzten deutsche Filme, die in China auf DVD herauskamen, waren *Der Untergang* und *Sophie Scholl – die letzten Tage*. Im Juni 2006 reiste deshalb die bisher größte deutsche Delegation von Filmemachern unter der Leitung der staatlichen internationalen Filmvermarktungsorganisation „German Films" zum 9. Shanghai TV- und Filmfestival. Dreizehn deutsche Filme wurden gezeigt. Mitreisende waren deutsche Regiestars wie Hans-Christian Schmid (*Requiem*), Andreas Dresen (*Sommer vorm Balkon*) oder Christian Alvart (*Antikörper*). Der Dokumentarfilm *Dresden* wurde Sieger im Dokumentarfilmwettbewerb. Mit der Preisverleihung erhöht sich der Druck auf die Bundesregierung, eine Koproduktionsvereinbarung mit China abzuschließen. Damit kann man gemeinsam in den jeweiligen Ländern Fördergelder beantragen und der Film wird jeweils als lokaler Film behandelt. „Das ist in China besonders wichtig, weil die Zahl der internationalen Kino-Blockbuster, die zugelassen werden, auf zwanzig beschränkt ist", erläutert Constantin-Vorstand Moszkowiecz. „Ein Koproduktionsabkommen würde uns sehr helfen." Doch während Kanada und Indien bereits unterschrieben haben und die Vereinbarung mit Frankreich unterschriftsreif ist, die Engländer bereits seit Längerem Gespräche führen, haben die Deutschen noch nicht einmal zu verhandeln begonnen.

4. Wirtschaft

4.1 Wirtschaftssystem und -struktur

Die **Marktwirtschaft mit „chinesischer Charakteristik"** hat sich langsam in den 1980er Jahren herausgebildet. Das Prinzip ist relativ einfach: **Jeder kann machen, was er will, innerhalb von Spielregeln, die der Staat festlegt.**
Die drei wichtigsten lauten wie folgt:
Erste Regel: Der Staat setzt die Staatsunternehmen oder ehemaligen Staatsunternehmen unter marktwirtschaftlichen Konkurrenzdruck. Zuerst müssen sich die Unternehmen gegen chinesische Konkurrenten bewähren, dann schrittweise gegenüber den ausländischen. Dabei achtet der Staat darauf, dass der schubweise Konkurrenzdruck nicht zu sozialen Verwerfungen führt. Im Zweifel wird gebremst und abgemildert. **Die zweite Spielregel** ist fast ebenso wichtig: Wann immer ein Geschäft in China entsteht, müssen Chinesen mehr davon haben als die Ausländer. **Und die dritte Regel:** Die durch die Öffnung Chinas entstehenden Abhängigkeiten sollten so gering wie möglich gehalten werden. Diese Regeln hat die chinesische Führung aus den schlechten Erfahrungen ihrer jüngsten Geschichte entwickelt.

Von Mao, der von den 1950er bis in die 1970er Jahre regierte, konnte sie hauptsächlich lernen, dass man nur mit und nicht gegen die Strömungen der Globalisierung ankommt.

Mao hingegen war überzeugt, dass eine straff organisierte, begeisterte Massenbewegung, die ihre Dienste selbstlos zur Verfügung stellt, China schneller würde aufbauen können als freier Handel, Öffnung zum Westen, materielle Anreize und sozialer Aufstieg des Einzelnen. Erst in der letzten Phase seiner Herrschaft öffnete er das Land der Welt. **Da sich der globale Wettbewerb in der Zeit der chinesischen Isolation vom militärischen in den wirtschaftlichen Bereich zu verlagern begonnen hatte, war Chinas Position im Machtkampf der Nationen plötzlich günstiger als in den Jahrhunderten zuvor.**

Die Weltwirtschaft brauchte den riesigen Markt. Außerdem diente ein integriertes China auch den westlichen Sicherheitsinteressen. Die USA und China wollten gemeinsam die

Sowjetunion in Schach halten. Und so musste das herunterge-
wirtschaftete Land vor dem Westen nicht zu Kreuze kriechen.

Maos Nachfolger **Deng Xiaoping**, der von Anfang der
1980er bis Anfang der 1990er Jahre regierte, **hatte zwar
eingesehen, dass sich China der Globalisierung stellen
muss.** Diese Erkenntnis und den unbändigen Willen, dies
durchzusetzen, kann man gar nicht hoch genug einschätzen.
Doch er unterschätzte die Macht ihrer Strömungen. **Er öffnete das Land mit aller Kraft der Weltwirtschaft, kaufte
neueste Technologie** – vor allem deutsche Stahl- und
Kraftwerke – und lud Unternehmen wie Volkswagen ein, in
China zu investieren. Aber er hatte keine Vorstellung davon,
wie er das Land mit der Weltwirtschaft vernetzen sollte. Er
spielte »Reformroulette« und verursachte damit **1989 eine
große Wirtschaftskrise**, die zu Massendemonstrationen und
schließlich zu deren blutigen Niederschlagung führte. Der
Integrationsprozess in die Weltwirtschaft war aus dem Ruder
gelaufen. Die Stabilität musste ohne Rücksicht auf Verluste
wiederhergestellt werden.

Dass es Deng gelang, China ohne große Unterbrechung
wieder auf den Kurs des wirtschaftlichen Aufstiegs zu bringen,
ist zu einem sehr hohen Maß den globalen Zwängen geschul-
det, die mit großer Kraft in die gleiche Richtung drängten. **Die
Weltwirtschaft war bereits zu stark auf den chinesischen Markt angewiesen.** Vor allem die Taiwanesen, die
das brutale Vorgehen der Führung besonders schockiert hatte,
waren wenige Wochen nach dem Juni 1989 die ersten, die in
China wieder investierten. Sie füllten die Lücken, die westliche Unternehmen für kurze Zeit zurückgelassen hatten.

Die chinesische Führung unter Dengs Nachfolger Jiang
Zemin hatte in den 1990er Jahren die Wahl, sich weiterhin in
die Weltwirtschaft zu integrieren oder unterzugehen. Die
Chinesen reagierten auf die brutale Niederschlagung ihrer
Protestbewegung zunächst mit Entsetzen, dann jedoch
schnell mit großem Pragmatismus. Sie wandten sich von der
Politik ab und der Wirtschaft und dem Konsum zu. **Eigentum
und Wohlstand sind bis heute ihr Ziel, Lernen und
Wissen ihr Mittel, Spaß an der Leistung ihr Credo.** In den
meisten Fällen stimmten die Interessen des Staates mit den
privaten überein. Dies half der Regierung, die Wirtschaft ohne
allzu großen Druck umzubauen. **Die Herausforderung der
Führungsgeneration unter Jiang Zemin bestand darin,**

ein Wirtschaftssystem zu entwickeln, das das Land in das weltweite kapitalistische System integrierte, ohne es dessen Risiken auszusetzen. Das ist in der zweiten Hälfte der 1990er Jahre weitgehend gelungen. Gemessen an den Krisen, denen die reformierte Volkswirtschaft ausgesetzt war – der Tod Deng Xiaopings, die Rückgabe Hongkongs, die Asienkrise und die durch das Platzen der Internetblase ausgelöste Weltwirtschaftskrise –, erwies sich das neue System als außerordentlich stabil. China gelingt es, von Jahr zu Jahr mehr Auslandsinvestitionen anzuziehen, die Exporte zu steigern und die asiatischen Nachbarn zunehmend von sich abhängig zu machen, selbst Japan, die zweitgrößte Volkswirtschaft der Welt. China hat ein funktionierendes Geschäftsmodell in der Globalisierung gefunden: **Es verkauft Marktanteile gegen Technologie- und Know-how-Transfer.** Sein Quasimonopol als gigantischer Wachstumsmarkt und günstigster Produktionsstandort erlaubt es Chinas Regierung, die Bedingungen zu bestimmen, zu denen sie ausländische Unternehmen ins Land lässt. Die chinesischen Wirtschaftsplaner haben ein System erfunden, das ich als **„Konkubinenwirtschaft"** bezeichne. **Konkurrierende ausländische Konzerne sind gezwungen, Gemeinschaftsunternehmen mit einem chinesischen Mutterkonzern zu bilden.** Sie müssen dann um die Gunst des Mutterkonzerns buhlen – wie die Konkubinen um die Gunst des Kaisers.

Die Chinesen sind in diesem Spiel immer Sieger. Die Ausländer bleiben im chinesischen Markt stets Zweiter.

Aber: Ganz so schlimm ist es nicht, zweiter Sieger in einem Markt wie dem chinesischen zu sein. Es kann für Unternehmen sogar durchaus lukrativ sein. **Voraussetzung ist allerdings, dass die deutschen Manager flexibel sind und lernen, nach Spielregeln zu spielen, die sie selbst nicht aufgestellt haben.** Wem das gelingt, der hat hervorragende Erfolgsaussichten. Wenn man jedoch, wie viele deutsche Manager, mit der gleichen Haltung nach China fährt, mit der man in den Jahrzehnten zuvor anderen Entwicklungsländern begegnet ist, dann fällt man mit Sicherheit auf die Nase. Die Zeiten, in denen wir den Chinesen veraltete Technologie oder nur unausgereiftes Know-how andrehen konnten, sind längst vorbei. Ihre Augen leuchten nicht, wenn sie Glasperlen funkeln sehen. Die Chinesen können sich das beste Angebot aussuchen. Schließlich wollen alle in ihrem Land Geschäfte machen. Kluge Unternehmen stellen sich dieser Herausforderung, je früher desto besser, und tun gut daran, ihre neuen Kunden nicht zu unterschätzen. **Wer den chinesischen Markt ignoriert, hat auf jeden Fall verloren.**

4.2 Wirtschaftliche Entwicklung

> *„Wir haben zwei große Wirtschaftspotentiale,*
> *die Vereinigten Staaten von Amerika und die Sowjetunion.*
> *Hinzu kommt für ein späteres Jahrzehnt die Sphinx China."*
> Franz Josef Strauß 1966

Chinas Wirtschaft wächst seit Jahren und derzeit besonders rasant. Im zweiten Quartal 2007 stieg das Bruttoinlandsprodukt (BIP) um 11,9 Prozent, im ersten Halbjahr 2007 um 11,5 Prozent. Spätestens zum Jahresende 2007 dürfte die Volksrepublik China Deutschland als drittgrößte Volkswirtschaft der Welt überholt haben. Einige Experten platzieren das Reich der Mitte schon jetzt an dritter Stelle hinter den USA und Japan und sehen das Land 2009 mit dem Titel des „Exportweltmeisters", den Deutschland verteidigen muss.

Andere Statistiken zeigen aber auch, dass Chinas Pläne zur Abkühlung der Konjunktur weiterhin nicht greifen. **Die Pekinger Regierung hat längst erkannt, dass das derzeitige Wachstumsmodell sich zu sehr auf Exporte und Investitionen stützt, zu wenig vom Binnenkonsum lebt und noch dazu gewaltige Umweltprobleme zur Folge hat.** Die chinesische Industrie steigerte ihre Produktion in der ersten Jahreshälfte 2007 um 18,5 Prozent. Die Sachinvestitionen stiegen im ersten Halbjahr 2007 um 25,9 Prozent. Der Handelsüberschuss erreichte im Juni 2007 den Rekordwert von 27 Milliarden Dollar.

Das chinesische Parlamentskomitee für Finanz- und Wirtschaftsangelegenheiten bezeichnet die Überhitzung der Wirtschaft als „immer offensichtlicher". Dies könne zu sozialen Unruhen führen, denn die Überhitzung bekommt vor allem die arme Landbevölkerung zu spüren. Die Lebensmittelpreise steigen. Der Verbraucherpreisindex lag im Juni 4,4 Prozent über dem Vorjahreswert, der höchste Preisanstieg seit 28 Monaten. Für das erste Halbjahr 2007 lag die Inflation bei 3,2 Prozent, gegenüber 1,5 Prozent im Gesamtjahr 2006. Pekings Ökonomen halten es für wahrscheinlich, dass die Teuerung am Jahresende weit über dem Höchstwert von 3 Prozent liegen wird, den die Zentralbank vorgegeben hat.

China hat derzeit die größten Währungsrücklagen weltweit. Die Währungsreserven stiegen im ersten Halbjahr 2007 um monatlich 31,87 Mrd. Euro und erreichten Ende Juni 963 Mrd. Euro. Die Zentralbank kündigte an, dass sie davon mittelfristig rund 200 Milliarden Dollar (145 Mrd. Euro) an die staatliche Investitionsgesellschaft Huijin übertragen will. Die neu gegründete Gesellschaft soll das Geld international anlegen – natürlich möglichst gewinnbringend. **Deswegen kann es gut sein, dass Chinas Regierung schon bald einer der mächtigsten Spieler auf den internationalen Finanzmärkten wird und verstärkt Rohstoffe und internationale Firmenbeteiligungen kauft.**

4.3 Facts & Figures

Bruttoinlandsprodukt (BIP) und reales Wachstum				
Jahr	Zuwachs [%]	Mrd. Yuan	Mrd. USD	BIP/Kopf [USD] in etwa
1995	10,9	6.079	735	588
2000	8,4	9.922	1.200	945
2001	8,3	10.966	1.326	1.044
2002	9,1	12.033	1.455	1.146
2003	10,0	13.582	1.642	1.293
2004	10,1	15.988	1.933	1.522
2005	10,2	18.232	2.230	1.715
2006	10,7	20.941	2.618	2.014
2007/1Q	11,1	(5.029)		

Im Jahr 2006 überstieg das Wachstum mit 10,7 Prozent erneut den Planwert des 11. Fünfjahresprogramms, 7,5 Prozent.

Einkommensverteilung 2006
Stadt: 11.500 RMB (ca. 1.150 EUR) durchschnittlich verfügbares Pro-Kopf-Einkommen (+10% in 2006)
Land: 3.600 RMB (ca. 360 EUR) durchschnittliches Netto-Pro-Kopf-Einkommen (+7% in 2006)

Wirtschaft

Beschäftigung					
Erwerbstätige [Mio.]	2002	2003	2004	2005	2006
	753,6	744,3	752,0	758,3	k.A.
davon in den Städten [Mio.]	247,8	256,4	264,8	273,3	k.A.
Anteile der Sektoren					
Landwirtschaft	50%	49%	47%	45%	k.A.
Industrie	21%	22%	23%	24%	k.A.
Dienstleistung	29%	29%	31%	31%	k.A.
Registrierte Arbeitslose in den Städten					
Anzahl [Mio.]	7,7	8,0	8,3	8,4	8,4
Quote	4,0%	4,3%	4,2%	4,2%	4,2%

Wichtigste Handelspartner Chinas 2006				
[in Mrd.USD]				
Land	Exporte	Importe	Volumen	Wachstum
USA	203,5	59,2	262,7	24%
Japan	91,6	115,7	207,4	12%
Hongkong	155,4	10,8	166,2	22%
Südkorea	44,5	89,8	134,3	20%
Taiwan	20,7	87,1	107,8	18%
Deutschland	40,3	37,9	78,2	24%
Singapur	23,2	71,7	40,8	23%
Sonstige	389,9	319,4	763,3	27%
Gesamt	969,1	791,6	1.760,7	23%
davon EU27	182,0	90,3	272,3	25%

Außenhandel						
	chin. Exporte	chin. Importe	Saldo	Volumen	Exporte	Importe
Jahr	[Mrd.USD]	[Mrd.USD]	[Mrd.USD]	[Mrd.USD]	Veränderung	Veränderung
2000	249,2	225,1	24,1	474,3	27,9%	35,8%
2001	266,2	243,6	22,6	509,8	6,8%	8,2%
2002	325,6	295,2	30,4	620,8	22,3%	21,2%
2003	438,3	412,8	25,5	851,1	34,6%	39,8%
2004	593,4	561,4	32,0	1.154,8	35,4%	36,0%
2005	772,0	660,1	101,9	1.432,1	30,1%	17,6%
2006	969,1	791,6	177,5	1.760,7	25,5%	19,9%
2007/1Q	252,1	205,6	46,5	457,7	27,8%	18,2%

Ausländische Direktinvestitionen (in Mrd Dollar)			
Jahr	Jahreswert	Änderung	kum. Wert
1990	3,49	22,5%	18,98
1995	37,52	47,6%	133,15
1996	41,73	11,2%	174,88
1997	45,26	8,5%	220,13
1998	45,46	0,5%	265,60
1999	40,32	−11,3%	305,91
2000	40,72	1,0%	346,63
2001	46,88	15,1%	393,51
2002	52,74	12,5%	446,25
2003	53,51	1,5%	499,76
2004	60,63	13,3%	560,39
2005	72,40	19,4%	632,79
2006	69,47	−4,0%	702,26
1-4/2007	20,40	10,0%	722,66

Deutsche Direktinvestitionen in China				
Jahr	Anzahl der genehmigten Projekte	Vereinbarte Investitionen (Mio.USD)	Realisierte Investitionen (Mio USD)	Kumulierter Bestand (Mio. USD)
1978–1994	k.A.	k.A.	4.800	4.800

1995	355	1.659	386	5.186
2000	290	2.978	1.251	6.437
2001	275	1.171	1.261	7.698
2002	272	915	928	8.626
2003	451	1.390	860	9.486
2004	608	2.280	1.060	10.546
2005	650	3.425	1.530	12.076
2006	k.A.	k.A.	1.980	14.056

Quelle Facts & Figures: Wirtschaftsdatenblatt der Deutschen Botschaft Peking vom 22.05.2007

4.4 Wichtige Branchen und bedeutende Unternehmen

Maotai

Chinas berühmtesten Schnaps gab es angeblich schon 135 vor Christus, auch wenn er damals noch nicht so hieß. Das hochprozentige Hirsedestillat ist das berühmt-berüchtigte Produkt der China Kweichow Maotai Distillery. Seit der Qing-Dynastie versuchen viele Konkurrenten, den nach seinem Herkunftsort in der Provinz Guizhou benannten Schnaps zu kopieren, doch er schmeckte nie wie das Original und die Nachmacher waren bald bankrott. Aus sozialen und politischen Gründen kaufte die Ortsregierung von Maotai die Konkurrenten jedoch auf und verschmolz sie mit der Hauptfabrik, die jährlich etwa 430 Millionen Euro umsetzt.

Wahaha

Der Name von **Chinas größtem Softdrink-Hersteller** soll das Lachen eines Kindes symbolisieren. Aus einem besseren Schulkioskzulieferer, der 1987 noch Büroartikel, Eis und Getränke an eine Mittelschule in Hangzhou verkaufte, ist inzwischen eine Firma mit 1,4 Milliarden Euro Jahresumsatz geworden. Seit 1990 trägt das von dem pensionierten Lehrer Zong Qinghou gegründete Unternehmen den Namen Wahaha und verkauft neben Softdrinks auch Snacks wie Sonnenblumenkerne, Eis, Acht-Köstlichkeiten-Reisbrei und seit 2002 sogar Kinderkleidung. Den Wahaha-Werbespruch „Sauer und süß macht glücklich" kennt in China jedes Kind.

Mengniu

Mengniu bedeutet „Mongolische Kuh" und ist **Chinas bekannteste Molkerei.** Gegründet wurde sie von Niu Gen-
sheng, einem der bekanntesten chinesischen Unternehmer,
der sich bei der staatlichen Großmolkerei Yi Li vom Flaschen-
spüler zum Vizedirektor hochgearbeitet hatte, bevor er 1999
in Hohot in der Inneren Mongolei seine eigene Milchmarke ins
Leben rief. Ein knappes Jahr lang entwickelte er Rezepte und
Marktstrategien, bevor er die erste Fabrik baute. Vor allem bei
Kindern ist Mengniu beliebt. In einer Werbung steigt eine
Reihe von Kühen nacheinander auf die Waage und jede muht:
„Ich bin stark, ich bin gesund und ich produziere die beste
Milch." Der Erfolg gibt ihnen recht: Mittlerweile ist Mengniu
mit 1,08 Milliarden Euro Umsatz die meistverkaufte Milchmar-
ke Chinas.

Dabao

Eigentlich benutzen schönheitsbewusste Chinesinnen am
liebsten Importkosmetik, doch wer sich die nicht leisten kann,
setzt auf die Cremes der Marke „Großer Schatz". Sie wurde
1985 von der Pekinger Stadtregierung als Behindertenwerk-
stätte gegründet, die seit 2002 Beijing Dabao Cosmetic Ltd
heißt. Das Sortiment umfasst neben Cremes auch Seifen,
Shampoos und Make-up. Der Durchbruch gelang Dabao mit
dem Werbeslogan „Bis morgen, Dabao. Dabao – wir sehen
uns jeden Tag". Seit vier Jahren ist **Dabao die Nummer eins
in der chinesischen Kosmetikbranche**; der Jahresumsatz
liegt bei 78 Millionen Euro.

Qingdao

„Mit Qingdao bis ans Ende der Welt" ist der Werbespruch von
Chinas größter Bierbrauerei, die in der gleichnamigen
Hafenstadt 1903 von deutschen Kolonialherren gegründet
wurde. Lange wurde hier nach dem deutschen Reinheitsgebot
gebraut; inzwischen kommt aber auch Reis in den Braukessel.
Seit 1996 ist Qingdao auf Einkaufskurs und ist Besitzer von 48
regionalen chinesischen Biermarken, die größtenteils noch
unter ihrem eigenen Label produzieren. Der Jahresumsatz
liegt bei einer Milliarde Euro.

Chery

Chery ist der chinesische Volkswagen und sein Kleinwagen QQ, der nur 3.500 Euro kostet, das Pendant zum deutschen Käfer. 1997 wurde Chery als Staatsunternehmen gegründet, um die Wirtschaft im südchinesischen Wuhu anzukurbeln, einer Stadt, die bis dahin vom Chinaboom nur wenig mitbekommen hatte. Der heutige Vorstandschef Ying Tongyao war zuvor Abteilungsleiter bei Volkswagen in Shanghai und stieg als stellvertretender Geschäftsführer bei Chery ein. 2001 wurde Chery zum ersten chinesischen Autoexporteur, als es begann, Autos nach Syrien zu verkaufen. Um das Erfolgsmodell QQ, das 2003 auf den Markt kam, entbrannte jedoch ein heftiger Copyrightstreit: Das Auto ist eine direkte Kopie von General Motors Spark. Während der Skandal die amerikanisch-chinesischen Beziehungen belastete, bevor der Streit vergangenes Jahr beigelegt wurde, kümmern sich die chinesischen Konsumenten nicht um Patentschutz: Allein 2006 verkaufte sich der QQ 132.000-mal.

TCL

Der **südchinesische Elektrohersteller TCL** sorgt nicht nur in China für Aufsehen, sondern auch in Deutschland und Frankreich. 2002 übernahm der ehrgeizige Konzern die Insolvenzmasse des bayerischen Fernseherhersteller Schneider Electronics; zwei Jahre später kaufte er sich bei der französischen TV-Firma Thomson ein. Mit ausländischem Know-how wollte der 1981 gegründete Konzern sein Konsum-Elektronik-Portfolio, das Fernseher, PCs, Notebooks, Digitalkameras, Kühlschränke, Waschmaschinen und Telefone umfasst, aufbessern und gleichzeitig den Sprung auf die Weltmärkte schaffen – unbehelligt von den Antidumping-Gesetzen der EU. Während die internationale Expansion bisher an „weltfremden Geschäftsvorstellungen", so ein deutscher Mitarbeiter, scheiterte, ist **TCL in China eine Spitzenmarke**. Der Umsatz liegt bei 2,7 Milliarden Euro.

Haier

Die Haier Group ist der **viertgrößte Haushaltsgerätehersteller der Welt**, mit 10 Milliarden Euro Jahresumsatz. Gründer Zhang Ruimin gilt als einer der meistrespektierten Geschäftsmänner und wurde für seine eigenwilligen Qualitätskontrollmethoden bekannt: Nachdem im Jahr 1985 76 defekte Kühlschränke an Haier zurückgegeben worden waren, mussten auf Zhangs Anweisung seine Arbeiter sie in aller Öffentlichkeit zertrümmern. Damit wollte Zhang bei seinen Angestellten das Bewusstsein für Qualität wecken. Es scheint funktioniert zu haben. Die seit 22 Jahren bestehende Haier Group ist einer der ersten chinesischen Global Player und unter anderem auch mit PCs, Mobiltelefonen und Fernsehern erfolgreich.

Li Ning

Li Ning ist das **chinesische Pendant zu Steffi Grafs „Steffi-Mode"** – nur mit dem Unterschied, dass der ehemalige Olympiaturner und 16-malige Goldmedailist Li Ning mit seiner Marke inzwischen überaus erfolgreich ist. 1989, nach dem Ende seiner Karriere, begann Li seinen Aufstieg als Unternehmer und wurde bald zum **Ausstatter chinesischer Teams**. Seit Mitte August hat er allerdings auch den NBA-Basketballstar Shaquille O'Neal als Werbeikone unter Vertrag, um seine Basketballschuhlinie Feijia, „Fliegende Waffe", bekannt zu machen. Der **Sportartikelhersteller** ist bei den jungen Chinesen mit Werbesprüchen wie „Alles ist möglich" oder „Ich treibe Sport, also bin ich" bekannt geworden. Vergangenes Jahr machte Li Ning 18 Millionen Euro Gewinn.

Markenroulette – Chinesische Unternehmen entwickeln eigene Marken

In der Shanghaier Einkaufsmeile Nanjing-Lu schillert und blinkt es. Werbeplakate hängen neben Neonleuchtreklamen, aus Lautsprechern tönt Werbung, auf Großbildschirmen laufen Modeschauen. Doch während bis vor wenigen Jahren hauptsächlich ausländische Marken die Aufmerksamkeit auf sich ziehen konnten, werden die **Fußgängerzonen inzwischen von chinesischen Brands dominiert**. Noch nicht lange ist es her, dass sich internationale Marketingstrategen Sorgen machen mussten, dass Chinesen das Konzept der Markenprodukte völlig fremd sei. Denn bis in die 1990er Jahre kaufte man, was es im Laden gab, nicht den Hersteller, dem man vertraute. Die Auswahl war ohnehin gering. **Doch mittlerweile ist die junge Generation genauso markenfixiert wie die im Westen – und davon profitieren vor allem die chinesischen Hersteller.**

„Bis vor kurzem verstanden die meisten chinesischen Unternehmen noch nicht einmal, was Markenpositionierung bedeutet", meint Shelly Lazarus, Geschäftsführerin der Kommunikationsagentur Ogilvy & Mather. „Aber sie wollen es wissen und können es nicht schnell genug in sich aufsaugen."

Allerdings zeigt eine McKinsey-Studie, dass die **Markenloyalität noch sehr viel weniger ausgeprägt ist als in Europa oder den USA.** In China gibt es noch nicht den überzeugten BMW-Fahrer, treuen Benz-Liebhaber oder den typischen Adidas-Teenie, der wie ein wandelndes Werbeplakat angezogen ist. Dennoch gaben in der Befragung 80 Prozent an, mindestens gelegentlich Markenprodukte zu kaufen, und knapp 70 Prozent würden noch mehr kaufen, wenn sie mehr Geld zur Verfügung hätten. Aber welche Marke in der Einkaufstasche landet, scheint fast egal zu sein. Das macht es für die Hersteller schwer, sich auf den Markt einzustellen. Preisreduzierungen, Werbekampagnen oder die Kundenberatung können das Kaufverhalten von einem Moment auf den anderen ändern. Ein Horror für gut situierte Marken, die nie genau wissen, wie sie auf dem Markt dastehen; zu wankelmütig ist das Verbraucherverhalten, zu unterschiedlich sind die monatlichen Verkaufszahlen.

Chinesen experimentieren und erforschen die neuen Produkte, aber die Loyalität ist nicht immer gleich niedrig. Im Elektronikbereich ist die Kundenbindung um 50 Prozent höher als bei alltäglichen Konsumgütern wie Getränken, Kosmetik oder Kleidung. **Dabei sind Konsumenten in China viel stärker der Beratung der Verkäufer ausgesetzt.** Viele Kunden erzählen, dass sie oft mit dem festen Vorsatz in ein Geschäft gingen, um eine bestimmte Marke zu kaufen. Aus dem Laden heraus trugen sie aber schließlich ein ganz anderes Markenprodukt. Das liegt unter anderem daran, **dass es in China viel mehr Verkaufspersonal gibt, das zudem häufig noch auf Provisionsbasis arbeitet und sich daher sofort auf den Kunden stürzt**, um ihn von der einen oder anderen Werbekampagne zu informieren oder von bestimmten Produkten zu überzeugen. Eingekauft wird auch oft nach der Verpackung. Da die auffälligen Kartons im Laden meist in den Vordergrund gestellt werden, verschwinden so manche Markenprodukte in schlichter Verpackung im hintersten Regal – vergessen von Verkäufer und Kunde.

Marktforscher gehen jedoch davon aus, dass es nicht mehr lange dauern werde, bis sich das Markenbewusstsein dem westlichen angeglichen haben wird – und chinesische Hersteller haben dabei die Nase vorn. Dabei spielen sie bewusst die China-Karte aus und appellieren an den Nationalstolz ihrer Kunden. **International erfolgreiche chinesische Sportler sind deswegen die beliebtesten Werbeträger. Mittlerweile vertrauen nur noch 53 Prozent der Chinesen auf ausländische Marken, während 86 Prozent lieber bei den chinesischen bleiben.** Besonders was Lebensmittel angeht, schwören knapp 90 Prozent der chinesischen Konsumenten auf einheimische Marken und nur 20 Prozent trauen den Marken aus dem Ausland. Schließlich sind sie oft billiger. Haier führt überraschenderweise bei der Jugend die Liste der coolsten chinesischen Marken an, gefolgt von dem Computerhersteller Lenovo, dem Sportartikelhersteller Li Ning sowie TCL. Wie erfolgreich sie sind, lässt sich auch daran sehen, dass sie inzwischen ebenso wie die ausländischen Trendsetter zunehmend gefälscht werden.

Chinesische Unternehmen in der Weltspitze 2006						
Rang	Name	Industriezweig	Absatz (Mrd$)	Profit (Mrd$)	Assets (Mrd$)	Marktwert (Mrd$)
52	Petro-China	Öl und Gas	46,95	12,43	73,68	172,23
65	China Construction Bank	Bank	19,40	5,92	472,32	104,98
77	China Pet & Chem (Sinopec)	Öl und Gas	70,32	4,35	56,78	57,05
162	China Telecom	Telekommunikations Service	19,47	3,39	48,53	29,73
297	China Life Insurance	Versicherung	9,41	0,87	52,39	30,53

525	China Shenhua Energy	Baustoffe	4,74	1,08	13,18	27,51
537	Ping An Insurance Group	Versicherung	7,30	0,38	31,91	14,45
615	Bank of Communications	Bank	4,98	0,19	137,76	27,75
675	Baoshan Iron & Steel	Werkstoffe	7,05	1,13	7,75	9,47
795	China Merchants Bank	Bank	2,74	0,39	70,64	9,31
866	Huaneng Power Intl	Energieversorgung	3,64	0,64	8,96	8,87
876	Aluminum Corp of China	Werkstoffe	3,90	0,75	5,88	11,32
1.094	China Minsheng Banking	Bank	2,17	0,24	53,73	4,70
1.292	PICC Property & Casualty	Versicherung	6,21	0,03	10,66	3,81
1.309	Sinopec-Yangzi Petrochemical	Chemikalien	3,79	0,57	1,99	4,00
1.337	Air China	Transportwesen	3,72	0,29	7,97	3,30
1.352	China Cosco Holdings	Transportwesen	3,89	0,50	5,34	3,14

1.472	China Yangtze Power	Energieversorgung	0,73	0,37	4,00	6,90
1.547	Dongfeng Motor Group	Verbrauchsgüter	3,95	0,31	4,03	3,58
1.675	Wuhan Iron & Steel	Werkstoffe	2,91	0,39	3,67	3,52
1.684	Maanshan Iron & Steel	Werkstoffe	3,23	0,43	3,76	2,60
1.685	Datang Intl Power	Energieversorgung	1,64	0,28	5,97	3,73
1.699	Shenzhen Development Bank	Bank	1,14	0,04	23,79	1,66
1.721	Shanghai Electric Group	Kapitalgüter	2,94	0,13	5,63	5,43
1.727	Yanzhou Coal Mining	Werkstoffe	1,28	0,38	2,22	4,03
1.773	China Shipping Container	Transportwesen	2,70	0,49	3,03	2,12
1.849	Minmetals Development	Handelsgesellschaft	7,80	0,07	2,24	0,61
1.863	China Intl Marine Container	Kapitalgüter	3,21	0,30	2,05	2,00

4.5 Außenhandel und Wirtschaftsbeziehungen zu Deutschland

Deutschland und China unterhalten seit 1861 offizielle Wirtschaftsbeziehungen. 1860 machte sich Fritz Graf zu Eulenburg als Leiter der „Preußischen Ostasienexpedition" (1860–62) auf den Weg nach Fernost. Im September 1861 schloss Preußen stellvertretend für die im Deutschen Zollverein vertretenen Länder einen Freundschafts-, Handels- und Schifffahrtsvertrag mit China ab. Deutsche und Chinesen waren vor allem daran interessiert, mit Waffen zu handeln. Und so war China bis zum Chinesisch-Japanischen Krieg 1894/95 die ausländische Nation, die die meisten deutschen Militärgüter kaufte. In der Importstatistik lag das deutsche Reich mit gut 9 Prozent Anteil hinter Großbritannien auf Platz zwei der chinesischen Importe. Allerdings machte der deutsche Anteil am chinesischen Außenhandel keinen großen Anteil aus. Immerhin jedoch verdoppelte er sich von Mitte der 1880er Jahre auf gut 5,1 Prozent Mitte der 1890er Jahre. Allerdings wurden die Wirtschaftsbeziehungen danach Opfer der Politik. Als am 1. November 1897 zwei deutsche Missionare in Shandong ermordet wurden, war dies für Wilhelm II. der Vorwand, noch im November das Dorf Qingdao an der Jiaozhou-Bucht von deutschen Marineeinheiten besetzen zu lassen. Am 6. März 1898 zwang das Deutsche Reich China, einen Vertrag zu unterzeichnen, in dem Qingdao auf 99 Jahre an das Deutsche Reich verpachtet wurde und ihm Rechte zum Bau zweier Eisenbahnlinien und der Anlage von Bergwerken in Shandong zugesichert wurden. Damit hätte die deutsche Kolonie Qingdao das deutsche Hongkong in China werden können. Doch die Deutschen mussten bereits am 7. November 1914 vor den Japanern kapitulieren und die 160.000 Einwohnern Qingdaos den Japanern überlassen, die das Pachtgebiet gegen heftige chinesische Proteste bis Dezember 1922 besetzt hielten.

Anfang des 20. Jahrhunderts spezialisierten sich die Deutschen auf Know-how-Transfer. Sie gründeten in Shanghai 1907 das deutsche Tongji-Krankenhaus, eine deutsche Medizinschule für Chinesen. Fünf Jahre später folgte die „Deutsche Ingenieurschule für Chinesen", aus der später die **Tongji-Universität** entstand. Die Tongji ist noch heute die **Elite-Universität Shanghais**, die zum Beispiel dem ehemaligen Bundeskanzler Gerhard Schröder die Ehrendoktorwürde verliehen hat. Der Präsident der Tongji-Universität, Wan Gang, ein Autoingenieur, der lange bei Audi in Ingolstadt gearbeitet hat, wurde 2007 als Nicht-Parteimitglied zum Wissenschaftsminister Chinas ernannt.

Die Zahl der in Shanghai lebenden Deutschen wuchs nach 1938 dramatisch auf 20.000 Menschen an, weil Juden aus Deutschland und Österreich in Shanghai Zuflucht fanden. Die meisten kehrten nach Deutschland zurück, nachdem die Kommunisten unter Mao Zedong 1949 die Macht übernommen hatten. Im **Verhältnis zwischen der DDR und der VR China** lassen sich drei Phasen ausmachen: enge Kooperation (1949–59), Entfremdung (1960–80) und die langsame Wiederannäherung (1981–89). Ministerpräsident Zhou Enlai besuchte 1954 die DDR, 1955 und 1959 reiste Ministerpräsident Otto Grotewohl in die VR China, und 1956 hielt sich SED-Generalsekretär Walter Ulbricht in Peking auf, wo er auch mit Mao Zedong zusammentraf. Immer wieder wird berichtet, dass Mao Ulbricht auf die Idee gebracht haben soll, eine „Große Mauer" zwischen den beiden Teilen Deutschlands zu bauen.

Westdeutschland hatte bis zur Aufnahme diplomatischer Beziehungen am 11.10.1972 keinen sonderlichen Austausch mit der Volksrepublik. Danach allerdings wurden Deutschland und China wichtige Wirtschaftspartner.

Die chinesische Führung war sehr vorsichtig, öffnete seinen Markt kontrolliert und zu ihren Regeln: **In vielen zentralen Branchen dürfen Firmen nicht mehrheitlich von Ausländern kontrolliert werden und Gewinne sind nur schwierig aus China herauszubringen.** Auch der WTO-Beitritt konnte daran nichts Entscheidendes ändern. Kritiker befürchteten, dass China zu westlich würde. Deng Xiaoping, Architekt der Reform- und Öffnungspolitik tat dies mit der Bemerkung ab: „Wenn man das Fenster öffnet, kommen auch Fliegen herein."

1972 exportierten deutsche Unternehmen Waren für gerade 270 Millionen Dollar, heute sind es mit gut 27 Milliarden Dollar hundertmal mehr; 1972 bezog Deutschland Waren für 175 Millionen Dollar, 2006 waren es mit rund 48 Milliarden Dollar über 200-mal mehr.

Wirtschaft

Marksteine der wirtschaftlichen Öffnung sind in den 1980er Jahren die **Eröffnung des VW-Werkes in Shanghai 1985**, die Gründung der Technik-Joint-Ventures Ameco zwischen Lufthansa und Air China 1989 und die Eröffnung des Kempinski Hotels 1992 als erste internationale Hotelkette. Und im Konsumgüterbereich gründete die Wella AG 1981 ein Gemeinschaftsunternehmen in Tianjin.

Die 1990er Jahre waren geprägt vom **Bau der Shanghaier U-Bahn durch Siemens** sowie vom Bau des größten Chemiestandortes außerhalb Deutschlands von BASF in Nanjing, der 1994 begonnen und 2005 fertiggestellt wurde. Außerdem vom Markteintritt der Bertelsmann AG in das Verlagsgeschäft mit einem eigenen Buchclub und Fachzeitschriften 1997.

Die Fertigstellung des Transrapids von einem Konsortium aus ThyssenKrupp und Siemens läutete das neue Jahrhundert ein, gefolgt von dem größten Stahlwerk von Thyssen außerhalb Deutschlands, das 2001 eingeweiht wurde.

2004 wagte sich Schwäbisch Hall als erstes Unternehmen aus dem Finanzbereich in den chinesischen Markt. Und 2006 beschloss das deutsch-französische Gemeinschaftsunternehmen EADS, den Airbus 320 in China zu bauen. Das erste Flugzeug wird 2009 die Werkshallen verlassen. Der Erste in seiner Branche zu sein ist nicht immer eine Erfolgsgarantie:

Einige wie die Wella AG spielen inzwischen keine zentrale Rolle mehr. Andere sind dabei, sich wieder aus dem Markt zurückzuziehen wie Schwäbisch Hall. Wieder andere Unternehmungen haben die Erwartungen nicht erfüllt. Nach dem Bau der Teststrecke des Transrapids in Shanghai zwischen Flughafen und Innenstadt hatte das Konsortium gehofft, auch die Strecke zwischen Peking und Shanghai zu bekommen oder zumindest die Verlängerung der Strecke ins 170 Kilometer entfernte Hangzhou zu verkaufen. Doch die Hoffnungen haben sich einstweilen nicht erfüllt. Die Strecke wird nur um etwa 20 Kilometer zum alten Shanghaier Flughafen verlängert.

2002 ist China nach den USA der zweitwichtigste deutsche Exportmarkt außerhalb Europas geworden, noch vor Japan; den Handel mitgerechnet wurde die Schwelle bereits im Millenium-Jahr 2000 überschritten. **Deutschland ist mit Abstand Chinas größter europäischer Handelspartner** und steht in der Rangfolge der weltweiten Handelspartner Chinas auf Platz sechs (ohne Hongkong und Taiwan sogar auf Platz vier). Nach Jahren des „boomenden" deutsch-chinesischen Handels (für deutsche Exporte nach China (ohne Hongkong) wurden seit 1998 zweistellige Wachstumszahlen verzeichnet: 2001 um 28,9%, 2002 um 19,5%, 2003 um 24,9% und 2004 um 16%. 2005 stagnierten die deutschen Ausfuhren, zogen jedoch 2006 mit einem Wachstum von 30% wieder deutlich an. Die deutschen Einfuhren aus China zeigen jedoch weiterhin hohe Zuwachsraten (2005 plus 21,4%, 2006 plus 22,8%). **Allerdings gibt es einen klaren Trend, dass immer mehr Waren aus China bezogen werden, als aus Deutschland nach China geliefert werden.** Das hat damit zu tun, dass immer mehr Produkte billiger in China hergestellt werden können als in Deutschland. Das Defizit pendelte lange zwischen 5 und 9 Milliarden Euro jährlich; 2004 stieg es jedoch auf knapp 12 Milliarden Euro an und erreichte 2005 mit 18,5 Milliarden und 2006 mit 21 Milliarden Euro eine neue Dimension mit mittlerweile 29% des Handelsvolumens. Deutsche Unternehmen verkaufen hauptsächlich Maschinen und Anlagen sowie elektrotechnische Produkte und Spezialgeräte wie Medizintechnik oder Autoteile nach China. Deutschland importiert vor allem elektrotechnische Erzeugnisse, Textilien, Bekleidung und immer mehr Maschinen und Anlagen.

Viele deutsche Unternehmen stellen inzwischen Maschinen in Gemeinschaftsunternehmen mit chinesischen Partnern her. Weil es immer schwieriger wird, nur als Exporteur den chinesischen Markt zu bedienen, ist Deutschland seit 1999 Chinas größter europäischer Investor gemessen an den jährlichen Neuinvestitionen, liegt damit aber mit großem Abstand hinter Hongkong, den USA und auch Taiwan. **Deutsche Unternehmen haben in der Summe bis Ende 2006 in China Direktinvestitionen von rund 14 Milliarden US-Dollar getätigt.** Die Investitionen fließen neben der chemischen Industrie vor allem in den Automobilbau (VW, BMW, Daimler-Chrysler) sowie den Maschinen- und Anlagenbau. Inzwischen wagen sich auch immer mehr Mittelständler nach China. Viele Unternehmen erhofften durch den WTO-Beitritt Chinas 2001 eine Öffnung der bisher stark reglementierten Märkte, zum Beispiel im Dienstleistungssektor (Banken, Versicherungen, Logistikbereich und Handel). Im Dezember 2006 liefen die Übergangsregelungen für die WTO-

Wirtschaft

Auflagen aus. Im Zuge der Umsetzung wurde im Dezember 2003 ein Abkommen über die Förderung und den gegenseitigen Schutz von Kapitalanlagen unterzeichnet, das im November 2005 in Kraft getreten ist. **Nicht einfacher geworden sind auch die deutsch-chinesischen Beziehungen durch die Neufassung der Körperschaftssteuer im Jahr 2007, nach der nun ausländische Unternehmen, die vormals Steuerprivilegien genossen, inländischen Unternehmen gleichgestellt werden.** Immerhin trifft diese Regelung alle ausländischen Unternehmen gleichermaßen.

5. Verhalten und Besonderheiten im chinesischen Geschäftsleben

5.1 Arbeitskultur und -gepflogenheiten

Körpersprache

 Chinesen reagieren anders als Europäer. Ihre Körpersprache ist generell weniger ausgeprägt. Hinzu kommt, **dass Sie am Anfang die Eigenarten chinesischer Gesichter nicht auseinanderhalten können. Sie werden Geschäftspartner verwechseln beziehungsweise nicht wiedererkennen. Schreiben Sie sich Wiedererkennungs-Stichworte auf ihre Visitenkarten.** Wundern Sie sich nicht, wenn es den Chinesen auch so geht und sie zum Beispiel einen blonden Deutschen mit einem anderen verwechseln. Auch, wenn man China und Chinesen besser kennt, bleibt es schwierig, ihre Reaktionen verlässlich zu lesen.

Folgende Hinweise helfen Ihnen, die Reaktionen nicht falsch einzuschätzen:

- Keine Reaktion muss nicht unbedingt unhöflich sein.
- Nicken bedeutet nicht immer Zustimmung, sondern dass man verstanden hat.
- Lachen kann Unsicherheit bedeuten.
- Was für uns laut und aggressiv in der chinesischen Sprache klingt, muss noch lange nicht laut und aggressiv bedeuten. Es kann feierlich sein oder Freude erregen. Chinesisch klingt für uns so hart wie Deutsch für Italiener.

Arbeitsweisen

Es gibt grob gesagt zwei große Gruppen von Arbeitskultur: Die Kultur der Macher und die der Ausführenden.

Macher

Die Macher sind berauscht vom chinesischen Aufschwung. Sie sind überzeugt, dass jetzt die Gelegenheit ergriffen werden muss, wenn man reich, glücklich und erfolgreich werden will. Sie arbeiten immer an mehreren Projekten gleichzeitig. Sie sind für deutsche Verhältnisse immer zu wenig vorbereitet, zu spielerisch, sie handeln zu intuitiv, sie gehen ein zu großes Risiko ein, sie setzen schon mal alles auf eine Karte. Aber sie können sich das leisten, weil sie in einer anderen Welt leben als die Deutschen. Auch große Fehler dürfen im Rausch des Booms gemacht werden und werden von den Geschäftspartnern verziehen. **Die Möglichkeit des Scheiterns ist Teil des Erfolgskonzepts.** In einem Land mit 10 Prozent Wachstum gibt es jede Menge neuer Möglichkeiten, nachdem etwas schiefgegangen ist. „Immer mit der Ruhe" ist die Reaktion, die diese Gruppe von vielen Deutschen zu hören bekommt. Für sie ist man ein guter Partner, wenn man bremst, abwägt, überprüft und strukturiert, aber nicht blockiert oder als Bedenkenträger fungiert. **Die chinesischen Macher sagen wiederum über die Deutschen, sie seien zu gründlich, zu zögerlich, sie würden die Gelegenheit nicht beim Schopf ergreifen und alle Eventualitäten im Voraus wissen wollen.**

Ausführende

Die Ausführenden sind eher von der Vergangenheit geprägt. Oder die Geschwindigkeit des Aufschwungs verunsichert sie. Es hemmt sie, wenn sich alles ständig wandelt. Sie haben nicht die Durchsetzungskraft, um im Karpfenteich die dicksten Brotstücke zu erkämpfen. **Von der Vergangenheit könnten sie insofern geprägt sein, als dass sie gelernt haben, dass zu viel Engagement dazu führen kann, dass man für Dinge verantwortlich gemacht wird. Das wollen Sie vermeiden.** Die Ausführenden machen nur das, was man ihnen aufträgt. **Wundern Sie sich nicht, wenn ein Mitarbeiter nach Beendigung einer Aufgabe einfach aufhört und wartet, was passiert.** Oder wenn er die Arbeit einstellt, sobald ein Hindernis unerwartet auftaucht. Eine andere Variante seines Verhaltens ist, dass er eine Aufgabe stur zu Ende führt, obwohl die Aufgabe durch ein neues Ereignis obsolet geworden ist. „Handle eigenverantwortlich" ist die Reaktion, die diese Gruppe von vielen Deutschen zu hören bekommt. Bei ihnen muss man antreiben, Selbstvertrauen aufbauen, Risikobereitschaft belohnen, aber nicht herablassend sein. Die chinesischen Ausführenden wiederum sagen über die Deutschen, sie verstünden China nicht.

Arbeitszeiten

Die Arbeitszeiten hängen davon ab, zu welcher der beiden oben beschriebenen Gruppen die jeweiligen Menschen gehören.

Die Ausführenden haben meist eine Fünf-Tage-Woche. Es sei denn, sie arbeiten im Einzelhandel und in der Gastronomie. Sie arbeiten von 9 bis 17, manchmal auch bis 18 Uhr. Sie haben etwa zehn Tage frei verfügbaren Urlaub im Jahr. Diese Gruppe der Chinesen freut sich besonders, wenn sie dreimal im Jahr in eine Art Zwangsurlaub geht. Eine Woche zu chinesischem Neujahr, das jedoch nach dem Mondkalender zwischen Ende Januar und Mitte Februar stattfindet.

Eine Woche zum Tag der Arbeit am ersten Mai und eine Woche zum Nationalfeiertag am ersten Oktober.

Die Woche besteht aus einem normalen Wochenende und einer Arbeitswoche, nach der in der Regel das folgende Wochenende durchgearbeitet wird. Faktisch haben die Chinesen dann jeweils drei Tage frei. Diese Urlaubswochenregelung hat die Regierung eingeführt, um den Konsum anzukurbeln. **Die Chinesen sparen im Schnitt etwa 30 Prozent ihres Einkommens.** In den USA beispielsweise liegt die Sparquote im Minusbereich. In den Ferienwochen geben die Chinesen dann relativ viel Geld aus, weil sie ihre Verwandten besuchen und ihnen Geschenke mitbringen oder weil sie Pauschalreisen buchen. China ist also eines der wenigen Länder der Welt, wo es für die Volkswirtschaft besser ist, wenn die Menschen Urlaub machen, als wenn sie arbeiten. In diesen Zeiträumen empfiehlt es sich nicht, nach China zu reisen, weil es sehr schwierig sein kann, dann Termine zu bekommen.

Die chinesischen Macher arbeiten praktisch immer. Man kann sie sonntagmorgens um acht anrufen oder freitags um 23.30 Uhr. Sie werden nicht verwundert sein, wenn man etwas zu besprechen hat, was sie geschäftlich weiterbringt oder keinen Aufschub duldet. Freizeit ist für sie nicht festgelegt. Sondern Freizeit hat man, wenn man freie Zeit hat. Und das passiert sehr selten. Obwohl die Chinesen meist schon um 17.30 Uhr essen, können Sie mit ihnen um Mitternacht noch zu einem opulenten Mahl aufbrechen oder mit Geschäftsfreunden in die Karaokebar gehen.

5.2 Dos & Don'ts

 Dos

- Machen Sie Ihre Position in aller Klarheit deutlich.
- Essen und trinken sie nur das, zu was sie Lust haben.
- Wenn er es verdient hat, lassen Sie auch einen Chinesen sein Gesicht verlieren – aber nur dann und als letztes Mittel.
- Stellen Sie Ihr Licht nicht unter den Scheffel. Sie sind in einem großen Land und haben viel Konkurrenz. Sie müssen auffallen.
- Improvisieren Sie.
- Schätzen Sie Ihre Position realistisch ein. Sie kommen aus einer Weltregion, die ihre beste Zeit gehabt hat.
- Überlegen Sie sich, ob Sie dringend in den Markt müssen oder Ihre Geschäftspartner dringender Ihre Produkte brauchen.
- Achten Sie viel stärker als im Westen darauf, ob die Chemie zu Ihrem Geschäftspartner stimmt.
- Gestehen Sie sich ein, dass ihr strategisches Geschick weniger ausgeprägt ist als das der Chinesen.
- Lernen Sie nach Spielregeln zu spielen, die andere aufstellen.
- Lernen Sie, sich auf die chinesischen Kunden einzustellen.
- Akzeptieren Sie, dass Chinesen andere Produkte wollen und brauchen als das, was Sie für das Beste vom Besten halten.
- Suchen Sie nicht nur den direkten Weg zum Ziel.
- Seien Sie geduldig. Der Markt läuft nicht weg.
- Seien Sie vorsichtig bei dem, was Sie reden. Viele Chinesen sprechen Deutsch.
- Achten Sie darauf, dass Sie Ihre Zentrale über die anderen Spielregeln im chinesischen Markt aufklären.
- Bei Großprojekten: Rechnen Sie damit, dass Ihr Telefon abgehört wird.

 Dont's

- Verlassen Sie sich nicht auf die Echtheit chinesischer Dokumente.
- Gehen Sie nicht mit dem ersten besten Geschäftspartner zusammen.
- Lassen Sie sich nicht auf Dinge ein, die Sie als Zumutung empfinden, nur weil sie in China so üblich sind oder weil Sie unbedingt in den chinesischen Markt wollen.
- Lassen Sie sich nicht das Tempo anderer aufzwingen. Auch in einem Markt, der mit 10 Prozent wächst, muss man nicht hetzen.

- Agieren Sie nicht übereilt. China hat erst 4 Prozent der Weltwirtschaft. Wenn Sie bei den übernächsten 4 dabei sind, verdienen Sie auch noch Geld.
- Lassen Sie sich nicht von politischen Beziehungen der Geschäftspartner blenden, wenn der Businesscase Sie nicht überzeugt.
- Überschätzen Sie ihre eigene Position nicht.
- Erscheinen Sie eher in Lederhose als im Mao-Anzug.
- Ahmen Sie nicht die chinesische Sprache nach.

5.3   Begrüßung und Vorstellung

 **Die Visitenkarten werden immer noch mit beiden Händen übergeben. Chinesen lieben Karten, die man womöglich auffalten kann und mit möglichst vielen Titeln und Funktionen versehen sind.** Bei den Titeln sind die Chinesen wie die Österreicher in Europa, einmal Botschafter immer Botschafter. Der Vizeminister ist ein Minister. Und den chinesischen Professor fragt man besser nicht, worüber er habilitiert hat.

Modernen Chinesen geben Sie die Hand. Traditionell war das nicht üblich. Auf jeden Fall machen Sie nichts falsch, wenn Sie die Hand geben. Wundern Sie sich jedoch nicht, dass mancher ihrer Gesprächspartner ein wenig überrascht ist. Die Chinesen lieben es, ihre Delegationen ausführlich vorzustellen und dabei Geschenke auszutauschen. Deutsches kommt immer gut an: Bierseidel, weil das chinesische Nationalgetränk inzwischen eher Bier als Tee ist. Die Kuckucksuhr ist auch sehr beliebt. Sollten Sie ein Geschenk vergessen haben, kaufen sie am Flughafen den deutschen Schnaps mit der in der Flasche gewachsenen Birne. Das gibt es in China nicht und löst großes Erstaunen aus. Westliche Luxusmarkenprodukte kommen ebenfalls sehr gut an. Ein Kugelschreiber, Taschen, Uhren. Und für die Frau ist Kristallglas von Swarovski sehr beliebt, ebenso Nugat und Lübecker Marzipan. Wenn es ein etwas größeres Geschenk sein soll: Deutschland ist noch immer für seine guten Autos bekannt. Besonders originelle Präsente haben Sie dann, wenn es Ihnen gelingt, ein Geschenk mit einem Autogramm oder gar einer Widmung der in China bekanntesten Deutschen zu überreichen:

Also etwa einen von Franz Beckenbauer, Ballack oder Klinsmann signierten Fußball. Am besten von allen dreien. Ein schönes Geschenk in Deutschland ist ein Besuch eines Bundesligaspiels, ein Besuch im Casino, beim Fabrikverkauf zum Beispiel von Boss oder eine Fahrt im schnellen Auto.

Leihen Sie Ihrem Geschäftspartner nicht ihr eigenes Fahrzeug, sondern mieten Sie ein Auto mit Vollkasko. Die Chinesen sind das schnelle Autofahren nicht gewohnt.

5.4 Geschäftskleidung

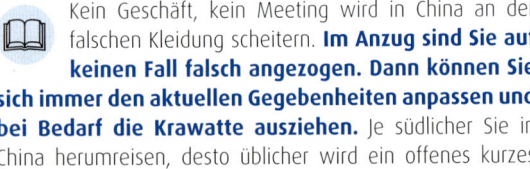

Kein Geschäft, kein Meeting wird in China an der falschen Kleidung scheitern. **Im Anzug sind Sie auf keinen Fall falsch angezogen. Dann können Sie sich immer den aktuellen Gegebenheiten anpassen und bei Bedarf die Krawatte ausziehen.** Je südlicher Sie in China herumreisen, desto üblicher wird ein offenes kurzes Hemd. Kurzes Hemd und Krawatte sieht man selten. In Hongkong allerdings geht es trotz großer Hitze relativ förmlich zu. Anzug und Krawatte sind ein Muss. Da Hongkong eine ehemalige Kronkolonie ist, haben die Briten ihre Kleiderordnung hinterlassen.

Es gibt – wiederum grob gesagt – drei Bekleidungstypen in China:

- Bauern-Typ
- Louis-Vuitton-Prada-Boss-Typ
- internationaler Geschäftsmann

Es ist schwieriger, die soziale und wirtschaftliche Position eines Menschen anhand der Kleidung einzuschätzen als im Westen. Bestimmte Kleidung lässt sich also nicht eindeutig zu bestimmten sozialen Niveaus, Erfolgs- oder Vermögenskategorien einordnen.

Der Bauern-Typ hat im Zuge seines Erfolges schlicht vergessen, seinen Kleidungsstil umzustellen. Inzwischen ist er schon Multimillionär, hat auf dem Grund seiner ehemaligen Reisfelder eine erfolgreiche Schuhfabrik aufgebaut. Aber er läuft noch immer im alten ausgebeulten Anzug und in Plastikschuhen herum und raucht das billige Kraut, das ihm schon immer geschmeckt hat. So taucht er auch beim Porsche-Händler mit zwei Plastiksäcken voller Geld auf und kauft sich einen gelben 911 oder trifft den Provinzgouverneur. Sie können ihn durchaus ernst nehmen. Unter Umständen ist er genau der Mann, mit dem man handfeste Geschäfte machen kann.

Der Louis-Vuitton-Prada-Boss-Typ möchte zeigen, dass er es geschafft hat, und deswegen trägt er mehrere Lagen teuerster westlicher Designer-Kleidung. Sein Versuch, den Westen zu imitieren, kann manchmal sehr komisch wirken: Wenn er sich kleidet wie in der Gucci-Werbung gesehen, aber 15 Kilogramm mehr wiegt als die Gucci-Models. Er wird mit Sicherheit BMW oder Porsche Cayenne fahren und sich sehr freuen, wenn Sie ihn auf seinen guten Geschmack ansprechen. Wundern Sie sich nicht, wenn er zum Golfen in voller Ausrüstung kommt, aber keinen sauberen Abschlag hinbekommt. Oder wenn er zwei Uhren gleichzeitig trägt. Sein Outfit sollte Sie nicht abschrecken, mit ihm Geschäfte zu machen. Das Geld, das er besitzt, hat er ja vorher verdienen müssen.

Der internationale Geschäftsmann hat womöglich in den USA studiert und ist deshalb mit den internationalen Dresscodes vertraut. In der Regel orientiert sich diese Gruppe am amerikanischen Standard. Bei diesem Geschäftstyp kann es auch möglich sein, dass es sich gar nicht um einen „echten" Festlandchinesen handelt, sondern um einen in den USA geborenen, einen Singapur- oder Hongkongchinesen. Der ist womöglich genauso fremd in China wie Sie oder hat unter Umständen ein sehr viel kleineres Netzwerk, als Sie zunächst vermutet haben.

Sie selbst können sich so kleiden wie immer. Bitte nicht auf die Idee kommen im Mao-Anzug aufzutauchen, auch wenn diese Kleidungsstücke durch Modemarken wie Shanghai-Tang im Westen sehr in Mode sind und jede New Yorker Vernissage bereichern. In China wirkt das albern. Dass Frauen einen traditionellen Qipao tragen, geht schon eher und kommt auf die Gelegenheit an. Im Zweifel würde ich abraten.

5.5 Meetings und Verhandlungen

Westliche Manager haben Ehrfurcht vor chinesischen Verhandlungstechniken. Und das in der Regel zu Recht. Wenn man einer größeren Delegation in Verhandlungen gegenübersitzt, treten Chinesen in einer Art und Weise auf, die es schwer macht, für westliche Manager zu unterscheiden, wer in der chinesischen Delegation welche

Chinesisches Geschäftsleben

Rolle spielt. Es gilt als schwierig, die ausdruckslosen Gesichter der Chinesen zu lesen und richtig zu deuten. Die chinesischen Verhandlungstaktiker fordern scheinbar Unmögliches, stimmen Vereinbarungen zu, um sie dann am folgenden Tag wieder infrage zu stellen und nachzuverhandeln.

Immerhin, nach über 20 Jahren politischer und wirtschaftlicher Öffnung sind die Verhandlungstechniken der Chinesen wesentlich transparenter geworden. Das gilt besonders für Chinesen, die an der wirtschaftlich entwickelten Ostküste des Landes leben und viel in Kontakt mit Ausländern sind. Die Verhandlungsstrategien, die über Jahrhunderte kultureller Praxis in China entwickelt und von Generation zu Generation weitergereicht wurden, haben sich unter stetigen westlichen Einfluss gewandelt und sind daher einfacher zu durchschauen. Dennoch sollten wir nicht vergessen, dass die Chinesen eine viel längere Tradition der Strategie haben und damit über ein größeres Repertoire und mehr tradierte Erfahrung in diesem Bereich verfügen. **Das Wort List hat im chinesischen keine negative Bedeutung, hat also weniger mit Überlisten zu tun, sondern eher damit, sich klug und geschickt anzustellen.**

1 Welchen kulturellen Traditionen folgen Chinesen bei Verhandlungen?
2 Welcher institutionellen Stärke oder Schwäche unterliegen die Chinesen?
3 Wie kommt das zum Ausdruck in Verhandlungen?
4 Welche erfolgreichen Methoden kann man anwenden, um ans Ziel zu kommen?
5 Wie hoch ist die Wahrscheinlichkeit, dass westliche Manager erfolgreich sind?

Chinesische Manager verhandeln hauptsächlich aus zwei Gründen anders als westliche. Erstens sind sie von kulturellen Traditionen geprägt, die über Jahrhunderte gewachsen sind und noch immer einen wichtigen Stellenwert in der chinesischen Gesellschaft haben. Zweitens, Chinesen können sich anders als westliche Manager nicht auf ein ausreichend funktionierendes gesellschaftliches System verlassen. **Vor allem das Rechtssystem in China ist lange nicht so ausgeprägt, wie man das im Westen gewöhnt ist.** Im Folgenden wollen wir die beiden Faktoren genauer betrachten.

Kulturelle Traditionen

Sieht man sich einmal **die beiden wichtigsten Brettspiele in der westlichen und in der chinesischen Kultur, Schach und Go**, an, werden die kulturellen Unterschiede der beiden Welten deutlich. Go ist ein chinesisches Brettspiel, das im 3. Jahrhundert vor Christus von Kaiser Yao erfunden wurde. Schach hingegen hat seine Ursprünge in Indien, Japan und in China in den ersten Jahrhunderten unserer Zeitrechnung und wurde erstmals im 11. Jahrhundert in Europa (unter anderem in Deutschland) erwähnt und etablierte sich im 13. Jahrhundert in Spanien.

Ziel von Schach ist es, den Gegner zu schlagen und das Spiel mit Schachmatt (arabisch: *aš-š,h m,* = „Der König ist tot") zu beenden. Bei Go geht es hingegen darum, so viele Felder auf dem Brett wie möglich zu besetzen. Am Ende eines Schachspieles ist das Brett fast leer, bei Go ist es genau umgekehrt. **Einfach ausgedrückt, bei Schach wird abgebaut oder zerstört, bei Go wird aufgebaut und entwickelt.** Beide Spiele folgen somit einem unterschiedlichen strategischen Spielaufbau. Der Schachspieler konzentriert sich auf einen Angriff auf das Zentrum der Macht des Gegenspielers, den König. Der Gospieler hingegen versucht, den Gegner zu umzingeln. Während der Schachspieler einen Weg der Konfrontation verfolgt, setzt der Gospieler auf Integration. **Die Gotechnik entspricht eher modernem wirtschaftlichem Handeln; die Schachtechnik entspricht eher militärischem Handeln.**

Historisch sind beide Brettspiele angelehnt an die Art und Weise, wie in Europa und Nordamerika sowie in China Kriege geführt wurden. Europäische Länder, genau wie das junge Amerika, verfolgten eine expandierende Strategie, die zum Ziel hatte, feindliche Länder einzunehmen. China war hingegen immer ein Großreich und die jeweiligen Führer setzten viel daran, das riesige Land zusammenzuhalten und gegen interne sowie externe Aggressoren zu schützen.

Die kulturellen Unterschiede lassen sich auch bei Kampfsportarten zeigen. Ein Boxer in der westlichen Welt versucht, die Schwachstellen des Gegners anzugreifen und gezielte Treffer zu landen. Ziel ist es, den Gegner k.o. zu schlagen. Chinesische Kampfsportler hingegen versuchen, die Stärken des Gegners gegen ihn zu verwenden und ihn außer Balance zu bringen, um ihn dann unschädlich zu machen.

Chinesisches Geschäftsleben

Konkret bedeutet das: Wenn jemand einen Schlag in meine Richtung ausführt, habe ich zwei Möglichkeiten: Ich kann versuchen, den Schlag des Gegners abzublocken, oder ich kann den Gegner im Schlag an mich heranziehen und ihn damit aus dem Gleichgewicht bringen. **Will man bei Verhandlungen in China Erfolg haben, sollte es einem gelingen, sich in die chinesischen Strategien hineinzuversetzen.**

Nichtfunktionierende Institutionen

Es ist problematisch, sich in China auf institutionelle Hilfe zu verlassen. Seit sich China dem Westen gegenüber geöffnet hat, mussten westliche Manager in China erfahren, dass gewisse Spielregeln in China nicht eingehalten und kaum eingefordert werden können. Selbst chinesische Geschäftsleute müssen ohne Regelwerke klarkommen. Das Rechtssystem existiert weitgehend nur auf dem Papier. **Die Chinesen bauen vielmehr auf persönliche Netzwerke, um bestimmte Probleme zu lösen. Gute Kontakte helfen immer weiter oder erlauben, Druck auf das Gegenüber auszuüben.** Ein schriftlicher Vertrag hat in China wesentlich weniger Bedeutung als eine gute persönliche Verbindung. Westliche Manager in China machen häufig den Fehler, schriftliche Vereinbarungen einzufordern und sich darauf hundertprozentig zu verlassen. Das mögen die Chinesen nicht. Zum Teil, weil sie sich nicht festnageln lassen wollen, zum Teil, weil sie wissen, dass schriftliche Vereinbarungen in einem sich rasch wandelnden Umfeld ohne ausgeprägtes Rechtssystem schnell Makulatur sind. Statt dann über die Bedeutung eines alten Vertragsparagrafen zu diskutieren, bevorzugen Chinesen eher einen pragmatischen Weg: Wenn die Harmonie zwischen Geschäftspartnern getrübt ist, muss man die Harmonie wiederherstellen. Die Chinesen wollen erst sicherstellen, dass eine stabile, verlässliche Beziehung aufgebaut ist, erst danach sind sie bereit, Vertragsentwürfe zu thematisieren. In der Regel werden Konflikte also nicht über Gerichte gelöst. **Selbst wenn man sich im Recht wähnt, sollte man seine eigene Position im chinesischen Netzwerk nicht überschätzen.** General Motors zum Beispiel hat geklagt, nachdem ein chinesischer Hersteller, der ein Fahrzeug von GM illegal nachgebaut hat, dieses Fahrzeug auch auf dem amerikanischen Markt verkaufen wollte. Der zuständige Richter sagte den amerikanischen Managern: „Ihr werdet den Fall wahrscheinlich gewinnen. Aber wollt ihr wirklich gewinnen? Ihr habt gut funktionierende Produktionsanlagen in China. Da werden die Verlierer Euch dann Ärger machen." Die GM-Manager haben nach einer Woche Bedenkzeit ihre Klage zurückgezogen.

Obwohl auch in China immer mehr internationale Geschäftsgepflogenheiten einziehen, sollte man stets die kulturellen und sozialen Unterschiede zwischen chinesischen und westlichen Verhandlungstechniken im Hinterkopf behalten. Sie können sehr schematisch wie folgt aufgelistet werden.

Westen	China
Direkt	Indirekt
Konfrontation	Integration
Auf Fakten basierend	Auf Vertrauen basierend
Absicherung durch Vertrag	Absicherung durch Beziehungen
Enfaches, fixiertes Regelwerk	Kompliziertes, flexibles Regelwerk
Verhandlungen zum Abschluss bringen	Fortdauernde Verhandlungen

Obwohl beide Seiten darauf pochen, dass das bevorzugte System dem anderen überlegen sei, kann man nicht sagen, welches der beiden Systeme per se erfolgreicher ist. Dennoch haben die Chinesen einen gewissen Heimvorteil. Da sich meistens die Verhandlungen um Geschäfte in China drehen, haben die Chinesen die Oberhand in Bezug auf die Verhandlungsstrategie. Chinesen zwingen häufig unwissenden und in China unerfahrenen ausländischen Geschäftsleuten ihren Stil auf.

Grundsätzlich ist es so, dass noch bis vor zehn, fünfzehn Jahren derjenige am längeren Hebel saß, der die Technologie hatte. **Heute dagegen hat derjenige das Sagen, der über einen lukrativen Absatzmarkt verfügt.** Wann immer Chinesen und Ausländer verhandeln, geht es am Ende um die eine Frage: Wie viel Technologie bekomme ich, damit ich Dir etwas von meinem schönen Markt abgebe?

Megastrategie: Konkubinenwirtschaft

Bei Verhandlungen in Branchen, die für die chinesische Entwicklung von zentraler Bedeutung sind, spielt China die ausländischen Unternehmen gegeneinander aus. Das kann China sich erlauben, weil der chinesische Markt für die westlichen Unternehmen von großer Bedeutung ist. In der Mischung aus Größe, Preis-Leistungsverhältnis, Potenzial und Infrastruktur und ordnungspolitischen Rahmenbedingungen ist China ein einmaliger Markt. **China hatte das Glück, dass es seine Märkte just zu dem Zeitpunkt geöffnet hat, als die westlichen Märkte gesättigt waren.** Diese einmalige wirtschaftshistorische Position erlaubt es der chinesischen Regierung, die Bedingungen zu bestimmen, zu denen sie ausländische Unternehmen ins Land lässt. Dadurch kommt China an Technologie, die es nicht selbst entwickeln könnte. Das System, das die chinesischen Wirtschaftsplaner erfunden haben, wird als »**Konkubinenwirtschaft**« bezeichnet. **Konkurrierende ausländische Konzerne sind gezwungen, Gemeinschaftsunternehmen mit demselben chinesischen Mutterkonzern zu bilden. Sie müssen dann um die Gunst des Mutterkonzerns buhlen – wie die Konkubinen um die Gunst des Kaisers.** So teilen sich etwa die direkten Konkurrenten Volkswagen und General Motors (GM) einen chinesischen Mutterkonzern, Shanghai Automotive Industry Corp (SAIC). Dieser kann Volkswagen und GM bei Technologietransfer, Investitionen und Marktanteilen gegeneinander ausspielen. Auch in den anderen Branchen verhält es sich so und die Ausländer ziehen dabei stets den Kürzeren. Sie können ihre Position auf dem chinesischen Markt nur stärken, indem sie sich für ihren chinesischen Partner ins Zeug legen.

China ist der Zukunftsstandort für die Automobilindustrie schlechthin – bei Weitem attraktiver als Indien, Russland oder Südamerika.

Die »Konkubinenwirtschaft« besticht durch ihre einfache Konstruktion. Hersteller, die in der freien Wildbahn der Marktwirtschaft einen großen Bogen umeinander machen, lassen sich in China eine chinesische Muttergesellschaft aufzwingen, mit der sie ein Gemeinschaftsunternehmen aufbauen. Welchen Spielraum sie von der zentralen Planungskommission bekommen, hängt davon ab, wie hoch die Investitionen in China sind, das Eintrittsgeld für den chinesischen Markt. Vom ersten Tag an buhlen die Ausländer um die Chance, ihren chinesischen Partner verwöhnen zu dürfen, um langfristig eine einflussreiche Position am Hof zu ergattern. Dabei riskieren sie viel. Die Konglomerate, die auf diese Weise entstehen, suchen in der modernen Wirtschaft ihresgleichen: **Der chinesische Kapitalismus hat eine der wirkungsvollsten Methoden hervorgebracht, mithilfe von fremdem Geld und dem Know-how von Global Playern die eigene Position zu stärken.**

Die Rolle des Kaisers spielen die drei mächtigsten chinesischen Autohersteller: Shanghai Automotive Industry Corp. (SAIC), First Automotive Works (FAW) und Dongfeng Automotive. Früher wurden die Gespielinnen des Kaisers von der Kaisermutter und hohen Hofbeamten ausgesucht. Die Wahl richtete sich „nicht primär nach Gesichtspunkten der sexuellen Attraktivität: Ein Mädchen musste nicht unbedingt schön sein, aber liebenswürdig, gesund, gut erzogen, emotional ausgeglichen, drall und wohlgeformt." Die Partnerwahl in der Automobilwelt erledigt heute die staatliche Entwicklungskommission, wobei sich ihre Auswahlkriterien auffällig ähneln.

Über ihren Aufenthalt am Hofe haben sich Generationen von Konkubinen große Illusionen gemacht. Sie hofften nicht nur auf Sicherheit und ein stabiles Leben, sondern strebten auch nach Macht und Einfluss. Dabei vergaßen sie meist, dass sie im Grunde nur eine einzige Funktion hatten: die „Männlichkeit des Kaisers oder sein Yang zu stärken". Die internationalen Fahrzeughersteller stehen den Konkubinen in ihren verklärten Hoffnungen ein wenig nach, es gibt allerdings einen wesentlichen Unterschied: Die Wahrscheinlichkeit, dem Kaiser einen Sohn zu gebären und damit eventuell die einflussreiche Mutter des Herrschers zu werden, war deutlich höher als die Chance der Global Player, heute einen bestimmenden Einfluss im chinesischen Automarkt zu bekommen. Denn die großen chinesischen Hersteller haben eigene Interessen. Sie möchten unabhängig von ausländischen Unternehmen werden und mit eigenen Autos den Markt bestimmen. Diese Vorstellungen decken sich ganz und gar nicht mit denen der großen internationalen Automobilkonzerne. Doch wie die Konkubinen haben auch sie keine Macht über die Spielregeln. Ihre Wahlmöglichkeit ist dual: mitspielen oder nicht mitspielen.

Eine weitere Schwierigkeit für westliche Firmen liegt an der wirtschaftlichen Umbruchphase, in der sich viele chinesi-

sche Firmen befinden. **Die Umwandlung von staatseige-
nen zu marktwirtschaftlich operierenden Betrieben
folgt nicht immer ökonomischen Zielsetzungen.** Unter
gewissen Umständen werden politische Ziele wichtiger als
wirtschaftliche Ziele. Das kann zu großen Schwierigkeiten
führen, weil die chinesischen Partner sich unter Umständen in
einer Weise verhalten, die für den westlichen Verhandlungspartner wirtschaftlich keinen Sinn macht. Andererseits kann
dies auch große Chancen bedeuten, wenn man dies bei
Verhandlungen im Auge behält. Im besten Fall kann der
Verhandlungspartner einen Vorteil daraus ziehen, dass der
chinesische Partner nicht anders kann. Zum Beispiel, weil
Politiker beschlossen haben, dass der neue Hafen zu einem
bestimmten Zeitpunkt fertig sein muss, dann hat der Hafenbe-
treiber keine Zeit, ausgiebig zu verhandeln. Die Produkte
müssen zu einem gewissen Zeitpunkt geliefert werden,
buchstäblich koste es, was es wolle.

Unabhängig, wie sehr man als westlicher Geschäftsmann
von den chinesischen Verhandlungstechniken beeindruckt ist,
sollte man den eigenen kulturellen Hintergrund nicht mehr
verlassen, als es der gesunde Menschenverstand zulässt. Das
oft diskutierte Thema des Gesichtverlierens ist ein gutes
Beispiel, wie westliche Manager auf chinesische Manager
zugehen. **Ob im Westen oder in China, niemand möchte
gerne „das Gesicht verlieren", also bloßgestellt werden.** Dennoch, in chinesischen Delegationen kann es vorkommen, dass sich jemand ständig danebenbenimmt und allen
anderen offensichtlich eine peinliche Situation bereitet, die
aber eine große Wirkung auf die fortlaufenden Verhandlungen
hat. Das macht den Chinesen nicht viel aus, besonders, wenn
sie sich unter Fremden befinden. In der chinesischen Tradition
kann man im Übrigen sein Gesicht nur unter Freunden, nicht
aber gegenüber Ausländern verlieren.

**Geschickte Chinesen verhandeln von Beginn an un-
ter dem Mythos des Gesichtverlierens und locken westliche Geschäftsleute in die Irre.** Eine chinesische Geschäfts-
delegation verließ einmal während eines Abendbanketts
kommentarlos den Tisch und überließ es der westlichen
Delegation, den Grund dafür herauszufinden. Diese war
natürlich perplex und versuchte fieberhaft zu ergründen,
welche chinesische Tradition sie verletzt hatte und wann in
den Verhandlungen sie den Chinesen einen Gesichtsverlust

zugefügt hatte. Als die Verhandlungen zwei Tage später wieder aufgenommen wurden, zeigten sich die Chinesen sehr zur Verwunderung der westlichen Delegation wieder normal. Die westlichen Manager waren sichtlich unsicher und nervös. Und das war genau das, was die Chinesen erreichen wollten. In der Tat hatten die westlichen Geschäftsleute nichts in den Verhandlungen falsch gemacht. Die Chinesen hatten sich nur einem Klischee des gesichtverlierenden Gastgebers bedient, und die westliche Delegation ist darauf hereingefallen.

Chinesische Verhandlungsstrategien werden moderner, basieren aber immer noch stark auf kulturellen Traditionen und dysfunktionalen gesellschaftlichen Institutionen.

- Die chinesische Kulturgeschichte lehrt Chinesen eine eher indirekte Form des Verhandelns.
- Aufgrund nicht funktionierender Institutionen (nicht vorhandene Rechtsstaatlichkeit) verlassen sich die Chinesen eher auf stabile und ausgewogene Beziehungen statt auf Vertragswerke.
- Westliche und chinesische Verhandlungstechniken sind ähnlich stark, die Chinesen haben allerdings Heimvorteil.
- Als westlicher Geschäftsmann sollte man die politischen Interessen des chinesischen Geschäftspartners mit den eigenen Geschäftsinteressen kombinieren, sodass beide Seiten gewinnen können.

5.6 Teamarbeit

 Erstens, Brainstorming ist noch nicht sehr ausgeprägt in China. **In der Regel funktioniert die Teamarbeit top down. Alle warten, was der Chef macht.** Die jüngere Generation ist allerdings immer mehr in der Lage, Probleme und Aufgaben gemeinsam im Team zu lösen. Beispielsweise ist das in der IT-Industrie inzwischen der Fall.

Zweitens, wenn es um Arbeitsteilung geht, kann man von der Industrie lernen. Da die Arbeiter zum Beispiel in der Autoindustrie noch nicht in der Lage sind, komplexe Aufgaben wahrzunehmen, haben die Automanager die Arbeitsschritte so klein und einfach gemacht, dass sie ohne Probleme bewältigt werden können. Da die Personalkosten deutlich geringer sind als im Westen, ist es häufig günstiger, den Arbeitsbereich eines Mitarbeiters zu teilen und damit sicherzustellen, dass er seine Aufgabe auf jeden Fall schafft, statt sich hinterher mit den Fehlern auseinanderzusetzen.

5.7 Präsentationsstil

Die **Powerpointpräsentation** hat inzwischen auch in China Einzug gehalten. Die Präsentation sollte zunächst ohne viel Brimborium den Businesscase schildern. **Chinesen lieben Bilder und Metaphern.** Den Jin Mao Tower in Shanghai zum Beispiel hätte man an die Bauherren verkaufen können mit großartigen Ausführungen zur Theorie der Hochhausarchitektur und der Pagode. Tatsächlich jedoch haben die Architekten eine viel simplere Erklärung gefunden, die dem Auftraggeber, einem Ministerium, viel besser einleuchtete: Der Turm ist ein Stift, das angegliederte Veranstaltungszentrum sieht mit seinem doppelt geschwungenen Dach aus wie ein Buch und der Fluss ist die Tinte.

Folgende drei Regeln für Ihren Präsentationsstil sollten Sie sich merken:

- Es sollte deutlich werden, dass man etwas gemeinsam aufbaut, und nicht etwa darauf hinauslaufen, das man den Partner nur benutzt, um an Marktanteile des chinesischen Marktes zu kommen.
- Chinesen sind sehr stolz auf ihr Land, deswegen ist es nie schlecht, wenn man betont, dass man mit dem gemeinsamen Geschäft den Aufstieg der neuen Weltmacht China fördert.
- Wenn Ausländer Konzepte in China präsentieren, neigen sie gern zu Überheblichkeit. Selbst wenn Sie wirklich mehr wissen und können, zeigen Sie es in einer Art und Weise, in der Ihr chinesischer Geschäftspartner den Eindruck bekommt, das er daran partizipieren kann, ohne sein Gesicht zu verlieren.

5.8 Geschäftseinladungen und -essen

Bei Geschäftseinladungen gibt es wiederum zwei unterschiedliche Fälle: Erstens, Sie laden Geschäftspartner in Deutschland ein. Oder zweitens, Sie werden eingeladen von chinesischen Geschäftspartnern.

Chinesen in Deutschland: Sie tun Ihren chinesischen Geschäftspartnern in Deutschland einen großen Gefallen, wenn Sie Ihnen original chinesisches Essen servieren können. Chinesen gehen auch gern mal ins Hofbräuhaus, doch auf längeren Reisen bevorzugen sie chinesische Küche. Leider können Sie mit ihren Geschäftspartnern nicht einfach in ein chinesisches Restaurant gehen, da die chinesische Küche in Deutschland bereits auf den deutschen Geschmack zugeschnitten ist. Gehen Sie vorher zu Ihrem Chinesen und bitten ihn für den Anlass original chinesisch zu kochen.

Grundsätzlich bestellt nicht jeder sein eigenes Gericht, sondern alle Gerichte werden in die Mitte gestellt und jeder isst von jedem Gericht.

Dabei nimmt man das Gericht mit einem Vorlege-Löffel aus der Schüssel auf den Teller oder ins eigene Schälchen und isst dann wenn möglich mit Stäbchen weiter. Reis oder Nudeln gibt es zum Schluss. Diese beiden Gerichte sind das untrügerische Zeichen, dass sich das Essen seinem Ende nähert. Wundern Sie sich nicht: Chinesen mögen nicht so sehr das Filet, sondern eher das Knorpelige, an dem sie gerne herumkauen.

Werden Sie in China eingeladen, essen und trinken Sie nur das, was Ihnen schmeckt. Sollte es Haifischflossen geben, schieben sie das Schälchen nicht gleich weg. Kosten sie wenigstens ein bisschen. Das Gericht ist sehr teuer und schmeckt so exotisch nicht. Ihr Gastgeber will Ihnen etwas Gutes tun. **Sollten Sie einladen:** Mieten Sie ein Separee im Restaurant, das ist üblich und in fast jedem Restaurant zu bekommen. Lassen Sie sich von den Chinesen beraten, wenn es um die Menüauswahl geht.

5.9   Small Talk

 Man kann eigentlich über fast alles reden. Chinesen fragen gleich, was man verdient, was für eine Haarfarbe die Ehefrau hat. Selbst über Politik. **Die meisten Chinesen sind sehr offen, was politische und soziale Probleme angeht, aber gleichzeitig sehr empfindlich gegenüber Herablassung und Besserwisserei.** Stellen Sie Fragen, dann sind Sie auf der sicheren Seite. Erklären Sie dem Chinesen nicht China und schon gar nicht Chinas Defizite. Vergessen sie nicht, dass der Westen – allen voran die Briten und die Franzosen, aber auch die Deutschen – Teile Chinas kolonialisiert hatte und die letzten Kolonien erst 1997 (Britisch-Hongkong) und 1999 (Portugiesisch-Macau) an China zurückgingen. **Sie haben ansonsten eine große**

Freiheit, was die Themenwahl betrifft. Um mit Männern ins Gespräch zu kommen, redet man am besten über Fußball oder Autos. Mit Frauen über deutsche beziehungsweise europäische Luxusgüter.

5.10 Recht und Verträge

 Ein Witz unter chinesischen Anwälten geht folgendermaßen: „Wie erkennt man einen ehrlichen Richter?" – „Er zahlt das Bestechungsgeld an den Verlierer." Leider ist dieser Witz nicht so weit von der Realität entfernt. **Das Fehlen eines funktionierenden Rechtswesens in China, das das gesellschaftliche und wirtschaftliche Leben einigermaßen gerecht steuert, macht es für Kader einfach, Verträge per Handschlag zu beschließen.** Westliche Manager und Anwälte müssen sich auf diese Situation einstellen, können aber dennoch einen Weg finden, zu ihrem Recht zu kommen und Lösungen für Konflikte zu finden.

Wichtige Fragen:

- Warum fehlt in China ein funktionierendes Rechtssystem?
- Hilft die WTO-Mitgliedschaft Chinas?
- Wie sehen die Chinesen Recht?
- Wie sollten westliche Manager ihr Rechtsverständnis in China angleichen?
- Wie kann man in China Recht bekommen?
- Gibt es Alternativen, um seine Rechte in China zu schützen?

Wenig Rechtssicherheit

Das schwächste Glied im chinesischen Sozialsystem ist das Rechtssystem. Es bietet wenig Sicherheit und ist kaum transparent. **Die Gerichte arbeiten nicht unabhängig. Das chinesische Rechtssystem ist zudem korrupt und schwer durchschaubar.** Nur 10 bis 20 Prozent aller Richter in China haben eine ausreichende Rechtsausbildung. Hinzu kommt: Auch wenn sie eine Ausbildung haben, müssen sie erst noch ein Rechtsbewusstsein ausbilden.

Selbst Chinesen vermeiden tunlichst, sich mit dem Gesetz anzulegen. Sie haben Systeme der Mediation entwickelt, die dazu in der Lage sein sollen, Konflikte möglichst schon im Vorfeld zu lösen. Gleichzeitig entsteht mit wachsender Wirtschaft und Privateigentum bei der Bevölkerung ein immer größeres Bedürfnis, im Falle eines Konfliktes auf verlässliche Institutionen zurückgreifen zu können. Das gilt auch für ausländische Manager und Unternehmer. Sie kämpfen damit, dass Güter geliefert, aber nicht bezahlt werden, dass chinesische Geschäftspartner Technik und Know-how kopieren und sie als ihre eigene Idee verkaufen, dass Gelder von Joint Ventures auf die Konten der chinesischen Teilhaber verschoben werden und dass Vereinbarungen zwischen westlichen und chinesischen Geschäftspartnern häufig von der chinesischen Seite ignoriert und nicht eingehalten werden.

China fehlt es an vielen Gesetzen, wie man sie im Westen findet. Aber das ist nicht unbedingt das Problem. **Wesentlich schwerwiegender ist, dass die vorhandenen Gesetze nicht angewendet werden.**

Der Beitritt Chinas zur Welthandelsorganisation hat sich positiv auf die Entwicklung eines Rechtssystems in China ausgewirkt. Dennoch wird es lange dauern, bis diese Entwicklungen sich merklich auf Geschäftsbeziehungen zwischen Chinesen und westlichen Ausländern auswirken werden.

Die fehlende Rechtstradition

China hat keine Rechtstradition wie etwa europäische oder amerikanische Rechtssysteme. China muss unter großem Zeitdruck versuchen, diese zu kopieren und gleichzeitig eine Ausprägung der westlichen Vorbilder zu entwickeln, die den chinesischen Erfordernissen besser entspricht. In den vergangenen Jahrzehnten war Recht, was die Kader entschieden. Ein „Rechtssystem" existierte nur in der Theorie. Richter hatten in der Regel nie Jura studiert, stattdessen hatten sie (und haben bis heute) einen militärischen Hintergrund. Das mag dem westlichen Beobachter als merkwürdig erscheinen. Die Chinesen hingegen kennen das nicht nur seit Mao Zedong so, sondern schon seit Tausenden Jahren.

Ein großes Land wie China muss ständig eine Balance zwischen den Rechten des Individuums und des Interesses der Allgemeinheit finden. Diese Balance kann nicht dieselbe wie in westlichen Ländern sein. In China gibt es sie kaum, da die Regierung alle wichtigen Entscheidungen trifft. Die Regierung will unter allen Umständen vermeiden, dass ausländische Investoren abgeschreckt werden. So müssen sich westliche Firmen nicht chinesischem Wirtschaftsrecht beugen, sondern bekommen Sonderrechte zugestanden, die aber in dem Maße abgebaut werden, in dem die ausländische Konkurrenz um einen Platz an der Sonne zunimmt. Jedenfalls ist es schwierig vorauszusehen, wann in China ein unabhängiges Rechtssystem nach westlichem Vorbild existieren wird. Denn je mächtiger China wird, desto größer ist der Spielraum einen Sonderweg zu gehen, zumindest was den Umgang mit Ausländern betrifft. Dies mussten die Europäer auch in den USA schmerzlich feststellen, wenn es dort zu Gerichtsverfahren kam und kommt.

Das Recht in der Praxis

Die tägliche Arbeit chinesischer Richter hat wenig mit der Interpretation von Recht zu tun. Ein westlicher Rechtsexperte, der einmal von der chinesischen Regierung eingeladen worden war, Rechtsseminare für chinesische Richter zu geben, zeigte sich verwundert, wie in China Recht praktiziert wird. Die einheimischen Richter, denen ein Fallbeispiel gegeben wurde, kamen alle zu unterschiedlichen Einschätzungen. Als er sie nach den Gründen dafür fragte, gaben sie an, sich von „Erfahrung" leiten zu lassen. „Erfahrung" bedeutete hier, dass die Chinesen vor allem wissen, was Vorgesetzte in der streng hierarchisch geordneten Gesellschaft Chinas gerne hören möchten. Weitere Fragen ergaben, dass keiner der Richter je die jeweiligen Gesetzestexte konsultiert hatte. **Wenn es bei der Rechtsprechung nicht um politische Fragen ging, entschieden die Richter nach Instinkt, was sie persönlich als Recht oder Unrecht empfanden.** Zum anderen folgt chinesische Rechtsprechung sozial geprägten Denkweisen. Ein ausländischer Manager hatte beispielsweise einen Unfall mit einem Geschäftsauto. Der Fall kam vor Gericht und der Manager wurde freigesprochen. Dennoch sollte er eine Strafe an die andere Partei zahlen. Die Begründung lautete, westliche Firmen hätten wesentlich mehr Geld als ein Chinese und sollten daher einen entsprechenden Teil des Schadens übernehmen.

Selbst bevor ein Fall vor Gericht kommt, tritt die unterschiedliche Rechtsauffassung der Chinesen offen zutage. **Chinesen und Ausländer haben eine unterschiedliche Vorstellung von Verträgen. Für Chinesen ist der Vertrag eine Vereinbarung, der die Eckpunkte der Zusammenarbeit skizziert und eine Basis zur weiteren Diskussion und Entwicklung der Beziehung stellt.** Der Deutsche hingegen möchte möglichst alle denkbaren Krisenfälle als Paragrafen schon in das Vertragswerk einflechten. Die Chinesen sprechen dann von „Hellseherverträgen". Chinesen verhandeln nicht nur um Inhalte, sondern auch, um das Gegenüber besser kennenzulernen und Vertrauen aufzubauen. In dieser Hinsicht können beide Seiten voneinander lernen. Die Deutschen sind davon überzeugt, dass es sinnvoll ist, das ein oder andere doch schriftlich festzuhalten, auch wenn man sich gut versteht, die Chinesen, dass auch 100 Paragrafen und Vorsicht in alle Richtungen nichts nützen, wenn das Geschäftsverhältnis zerrüttet ist.

Durchsetzung von Recht

Da sie sich nicht auf Vertragswerke verlassen können, greifen ausländische, aber zunehmend auch chinesische Anwälte in China zu unkonventionellen Methoden, um ihre Klienten gegen unfaire Behandlung zu schützen. In der Regel wird versucht, einflussreiche Figuren zu finden, die wiederum auf den Geschäftspartner Druck ausüben und das gewünschte Resultat bringen. Dabei gibt es mehrere Ansatzpunkte:

1. Druck über Banken

Banken haben sich als gute Partner erwiesen, um Recht einzufordern. Nach Jahrzehnten der Zentralplanung sind Banken jetzt gezwungen, konkurrenzfähig zu arbeiten und volle Verantwortung für die Kredite, die vergeben sind, zu übernehmen, sofern sie nicht politisch befohlen wurden. Das schafft einen Wettbewerb, und dass einige Banken sogar an internationalen Börsen gelistet sind und Beteiligungen ausländischer Partner zugelassen haben. Es ist unter diesen Bedingungen in ihrem Interesse, dass die Kreditnehmer wirtschaftlich rentabel arbeiten. In einigen schweren Fällen haben chinesische Banken sogar den Anteil von Geschäftspartnern gepfändet – eine Möglichkeit, die das chinesische Recht einräumt und zu dem die Banken aufgefordert wurden. In so einem Fall kann der ausländische Geschäftspartner die Anteile der Chinesen erwerben. Und die Banken verhandeln hierbei die Details.

2. Politischer Druck

Wenn es um die Modernisierung des Landes und der Verwaltung geht, übt die Zentralregierung großen Druck auf die Provinzen aus und setzt sie in ein Konkurrenzverhältnis. Diese Entwicklung können ausländische Anwälte im Reich der Mitte nutzen, um die Probleme ihrer Mandanten zu lösen. In höflichen Briefen schreiben sie an politische Institutionen und weisen sie darauf hin, dass sich Ärger am Horizont ankündigt, wenn höhere Regierungsstellen erfahren, dass sich die betreffende Institution nicht ausreichend an den politischen und wirtschaftlichen Reformen beteiligt, wie man das von ihr verlangt. In anderen Fällen wird angedroht, dass eine ausländische Firma ihre Zelte vor Ort abbricht und das Geschäft in eine andere Provinz verlegt, wenn sich die Situation nicht verbessert. Da der Konkurrenzkampf um ausländische Investoren stark zugenommen hat, kann dies den Regierungsstellen Angst einjagen. In jedem Fall ist es immer wichtig, seine Beschwerde an der richtigen politischen Stelle anzubringen.

3. Druck durch Medien

Manche Anwälte benutzen die Medien in China, um Druck auszuüben. Die Medien haben eine Tendenz, eher über Wirtschaft, Geschäfte und Korruption zu berichten, als über delikate politische Themen. Allerdings werden die Medien immer offener, und es lohnt sich, einen chinesischen Mitarbeiter kontinuierlich die Medien nach interessanten Fällen durchforsten zu lassen. Im Ernstfall hat man dann schon Fälle, mit denen man operieren kann, oder Journalisten, die man ansprechen kann.

4. Ambitionen

Die jungen Helden von Chinas Marktwirtschaft haben eine Schwäche, die ausländische Anwälte gerne gegen sie anwenden – ihre Ambitionen und Eitelkeiten. Wenn die Jungmanager regelmäßig durch Hindernisse aufgehalten werden, sind sie eher bereit zu verhandeln. Das ist sogar besser als direkte Konfrontation, die zwar sofort Resultate bringt, aber längerfristig nichts an den strukturellen Problemen von Joint Ventures ändert. Der Generalmanager einer britischen Firma reagierte auf einen langwierigen Konflikt, indem er den Firmenstempel des chinesischen Geschäftspartners wegnahm. Dieser ist in China wichtiger als eine Unterschrift. Der chinesische Partner war blockiert, aber ohne seine Kooperation konnte das Joint Venture nicht funktionieren. In solchen Fällen empfehlen ausländische Anwälte gelegentlich, dass die Manager das Joint Venture aufgeben und neu aufbauen, aber dann als einziger Eigentümer des Geschäftes oder wenigstens ein Joint Venture mit hohem ausländischen Anteil. Dieser Weg mag einfacher und auch billiger sein als eine lange gerichtliche Auseinandersetzung.

5. Ansehen

Manchmal sind Kunden sehr überrascht, wenn ihre Anwälte Fälle gewinnen, die nach chinesischem Recht nicht zu gewinnen sind. Ein Anwalt einer ausländischen Firma beklagte sich juristisch bei der Bank of China, dass sein Kunde übers Ohr gehauen wurde. Die Bank antwortete postwendend auf Englisch und argumentierte, dass kein chinesisches Gesetz gebrochen wurde. Keine zwei Wochen später wurde das fehlende Geld dem Kunden kommentarlos überwiesen. **Hier zeigt sich, das in einer hart umkämpften und von Wettbewerb geprägten Marktwirtschaft chinesische Firmen es sich nicht mehr leisten können, das Ansehen zu Schaden kommen zu lassen.**

6. Ethik

Die Chinesen sind bekannt als harte Verhandler, die nicht immer fair im juristischen Sinne mit ihren Geschäftspartnern umgehen. Wo Gesetze nicht mehr greifen, können aber ethische Maßstäbe nachhelfen. Wenn man einem chinesischen Unternehmer sagt, er handele nicht im Sinne des Gesetzes, so wird ihn das wenig stören, da es als clever angesehen wird, am Gesetz vorbei zu operieren. **Sagt man ihm jedoch, dass seine Methoden unfair und eine Schande für den professionellen Geschäftsmann sind, dann wird er eher zuhören.**

5.11 Korruption im Geschäftsalltag

 Wenn man Stahl oder Farben, Kraftwerke oder Textilmaschinen, eine Autohändlerlizenz oder Bagger verkauft, muss das Geld fließen, damit das Geschäft

„flüssig" abgewickelt werden kann. Wenn man ein Gemeinschaftsunternehmen gründet, Genehmigungen braucht, ein Haus baut, fast nie geht es ohne außerplanmäßige Zahlungen in China.

Die Tarife variieren von Branche zu Branche, aber sie sind relativ klar: Zum Beispiel bekommt bei Industriefarben der Farbenmeister 3 Prozent, der Chef der Firma 5 Prozent, die er wiederum teilweise benutzt, um sich die lokalen Behörden gefügig zu halten. „Und der Buchhalter kriegt noch 2 Prozent, weil sonst die Schublade klemmt, in der der Scheck liegt", so ein deutscher Manager. Und selbst die Feuerwehr rechnet kurz durch, wie hoch der Schaden ist, und verlangt dann eine entsprechende Summe vom Fabrikbesitzer dafür, dass sie ihn vor größeren Schäden bewahrt. **Leider können auch Deutsche die Spielregeln in China nicht bestimmen. Sie haben nur die Wahl, ob sie unter diesen Bedingungen Geschäfte machen wollen oder nicht.** Immerhin gilt der chinesische Markt im Unterschied zu Russland oder Afrika, was Korruption betrifft, als einigermaßen verlässlich. Die „Tarife" für „Leistungen" schwanken nicht willkürlich, sondern sind für Branchenkenner einigermaßen transparent.

Wie zahlen? Wenn man bei einem Projekt nicht weiterkommt, und es sich abzeichnet, dass außerplanmäßige Zahlungen unumgänglich sind, kann man sich bei einem Branchenkenner darüber erkundigen, ob die Zahlungen nicht doch vermieden werden können, und wenn nicht, welche Höhe angemessen ist. Zudem sollte man die Zahlungsmodalitäten so gestalten, dass man die Zahlungen stückelt, bis der „Service" vollständig erbracht ist; außerdem müssen die Zahlungsmodalitäten bekannt sein. Die Zentralen in Deutschland wollen in der Regel nicht im Detail informiert sein, zumindest nicht schriftlich und offiziell, sodass die Manager vor Ort häufig mit der Entscheidung alleinstehen. Die meisten Unternehmen lassen, wenn es um Korruption geht, ihre Mitarbeiter vor Ort an der langen Leine laufen. **Immer wieder erleben es die China-Chefs von deutschen Mittelständlern, dass sie selbst von chinesischen Buchprüfungsunternehmen Geld angeboten bekommen, wenn sie den Auftrag vergeben.** In einem Fall lehnte ein deutscher China-Manager den Umschlag schon am Telefon mit dem Hinweis ab, er wolle nicht bestechlich werden. Dennoch spazierte der Vertreter des Unternehmens mit einem Umschlag in sein Büro und war ganz erstaunt, als der Deutsche noch immer ablehnte. „Ich dachte, das machen Sie nur, falls jemand mithört."

Ausländische Investoren und Korruption

Ausländischen Investoren ist die Anti-Korruptionskampagne bisher noch nicht weit genug gegangen. Sie glauben, dass die Korruption zu- statt abgenommen hat. **Um Geschäftslizenzen und Geschäftsgenehmigungen zu bekommen, müssen Geldsummen an lokale Offizielle geleistet werden.** Diese Summen erscheinen im offiziellen Geschäftsbudget. Für die ausländischen Unternehmen sind die korrupten Genehmigungsverfahren ein Dorn im Auge.

- Maschinenbauer sind gezwungen, mit einheimischen Zulieferern zu arbeiten, die Teile in minderer Qualität liefern, sodass das Endprodukt sich schwierig verkaufen lässt.
- Erfolgreichen Telekommunikationsunternehmen wird unerwartet die Lizenz entzogen, da die chinesischen Geschäftspartner angeblich nicht befugt waren, die Kooperationsverträge zu unterzeichnen.
- Das Geschäft des Importierens von Autos hängt von Lizenzen ab, die nur am Schwarzmarkt erhältlich sind.
- Pharmazeutische Firmen werden gezwungen, die chemische Zusammensetzung ihrer Produkte den Chinesen gegenüber offenzulegen. In der Regel erscheint dann eine Kopie des Produktes auf dem chinesischen Markt, bevor der westlichen Firma eine Lizenz erteilt wird.

Dennoch, Korruption in China ist ein kalkulierbares Risiko, vor allem im Vergleich zu anderen Regionen in der Welt. Westliche Manager müssen sich in der Regel mit ihr arrangieren. Es nützt wenig, sich bei offizieller Stelle zu beschweren, da dies zu noch größeren Schwierigkeiten führen kann. Für die Chinesen ist es nichts Besonderes, ausländische Firmen auszunehmen. Westliche Manager sind daher angetan, Korruption auf einem für sie erträglichen Niveau zu halten. Wie geht man mit Korruption um? **Hier sind einige einfache Spielregeln, auf die sich chinesische Manager bei Korruption verlassen:**

- Es fließt nur Geld für bestimmte „Dienstleistungen".
- Die gezahlte Summe muss in Relation zur erbrachten Leistung stehen.
- Jede „Dienstleistung" wird nur einmal und nur an eine Person gezahlt.

Korruption als negativer Standortfaktor

Aber die überall in China grassierende Korruption kann auch generelle Investitionsentscheidungen beeinflussen, wenn sie auf die Stabilität des Landes einwirkt oder den geordneten Aufbau eines Unternehmens verhindert. **China wandelt sich von einer staatlich gelenkten Wirtschaft zu einer Marktwirtschaft. In diesem nicht immer gradlinigen Prozess lässt sich Korruption nicht immer vermeiden.** Ursprünglich wurden alle Firmen in China von Kadern und Militärangehörigen kontrolliert. Zu Beginn der Reformen waren sie die einzigen Offiziellen, die über Wohlhaben und somit Einfluss verfügten. Das wollten sie verständlicherweise nicht aufgeben. Somit unterstützten die Kader nur Geschäfte, aus denen sie persönlich Profit schlagen konnten. Geschäftsleute mussten also die Offiziellen auszahlen. Die Entscheidung dazu war einfach und rational: derjenige, der als Erster an einen einflussreichen Kader zahlte, hatte auch die besten Geschäftskontakte. Bis heute sind viele Unternehmer und ausländische Geschäftsleute davon abhängig, an Kader zu zahlen, die ihnen im Gegenzug helfen, die notwendigen Lizenzen und Papiere zu besorgen.

Chinas offizielle Juristenzeitung *Fazhi Ribao* hat inzwischen eine eigene Rubrik für solche Fälle. Zum Beispiel der Fall Zhang Hongtao. Der Rechnungsprüfer in der Provinzregierung von Hebei war vor einem Hotel im Landkreis Yanshan plötzlich tot zusammengebrochen. Schuld daran war eine akute Alkoholvergiftung, die sich der 25-Jährige bei einem Bankett mit Kadern der lokalen Elektrizitätsbehörde zugezogen hatte. Anlass des Treffens waren Ermittlungen wegen Korruptionsverdachts gegen die Beamten. Am Nachmittag vor seinem Tod hatte Zhang seinem Bruder am Telefon erzählt, dass ihm von den Partys der vergangenen Nächte noch ganz elend sei. Als Zhangs Vater zwei Tage später den Chef seines Sohnes zur Rede stellen wollte, fand er das ganze Büro verlassen vor: Um die Revisoren über den unglücklichen Vorfall hinwegzutrösten, hatte die Elektrizitätsbehörde zu einem gemeinsamen Tagesausflug eingeladen. Dies ist kein Einzelfall. **Durchschnittlich 56 Staatsbeamte werden in China jeden Tag wegen Korruption verurteilt. Doch die überwiegende Mehrheit der Betrugsfälle dürfte unentdeckt bleiben.**

„Korruption ist in manchen Bereichen noch immer weitverbreitet," erklärte Staats- und Parteichef Hu Jintao in einer

Fernsehansprache zum 85. Geburtstag der Kommunistischen Partei am 1. Juli 2006. „Der Aufbau einer sauberen Regierung ist eine wichtige strategische Mission, bei der wir keinen Moment nachlässig werden dürfen." Allerdings zeigen Statistiken der Pekinger Staatsanwaltschaft, dass Gerichte immer häufiger bereit sind, für schuldig befundene Beamte mit einer Bewährungsstrafe oder sogar straffrei davonkommen zu lassen. 2005 war dies in 80 Prozent aller Verfahren der Fall, gegenüber 50 Prozent im Jahr 2001. Zwischen 2003 und 2005 blieben so 33.519 Korruptionsfälle ungeahndet.

Kritiker glauben jedoch, dass Korruption und Einparteienherrschaft zwei Seiten der gleichen Medaille seien. Denn da es in China keine unabhängige Justiz gibt, haben die Bürger kaum Möglichkeiten, sich gegen Amtsmissbrauch zu wehren. Zudem sind die Beamtengehälter so niedrig – selbst Staatspräsident Hu Jintao verdient nominell nur 5.400 Euro im Jahr – dass viele Beamte eine sehr geringe moralische Hemmschwelle haben. **Kürzlich bemängelte der Pekinger Anwaltsverband, dass bisher nur die Annahme der sogenannten „Roten Umschläge" verfolgt werde, nicht aber das Angebot.** Als die Regierung im März eine Kampagne gegen Wirtschaftskriminalität startete, kam es schon innerhalb der ersten drei Monaten zu 4.367 Untersuchungen und 674 Verfahren – eine Zahl, die nach Überzeugung von Experten wie Hu Xingdou vom Beijing Institute of Technology „wahrscheinlich nicht einmal einem Prozent aller tatsächlichen Fälle entspricht".

Immer wieder kommen spektakuläre Korruptionsfälle ans Tageslicht, in die auch hochrangige Funktionäre verwickelt sind. Im Sommer 2007 zum Beispiel wurde Zheng Xiaoyu, der Chef der Nationalen Arznei- und Lebensmittelgenehmigungsbehörde zum Tode verurteilt, nachdem er 800.000 US-Dollar angenommen hatte, um als Gegenleistung den Arzneimittelherstellern die kostspieligen und zeitaufwendigen Zulassungsverfahren zu erlassen. Zehn Menschen starben und Dutzende wurden ernsthaft krank, nachdem die nicht getesteten Antibiotika auf den Markt kamen.

Im Jahr 2006 wurde Chen Liangyu, der Parteisekretär von Shanghai abgesetzt, nachdem er sich 480 Millionen US-Dollar aus dem Pensionsfond geliehen hatte, um sie in Aktien und Immobilien anzulegen. Im gleichen Jahr wurde der für die Vorbereitung der Olympischen Spiele 2008 zuständige Pekin-

Chinesisches Geschäftsleben

ger Vizebürgermeister Liu Zhihua unter „shuanggui" gestellt, so heißt die Disziplinarermittlung der Partei. Liu wird vorgeworfen, von Baufirmen Schmiergeldzahlungen in Millionenhöhe angenommen zu haben. Für die Zentralregierung, die mit einem „korruptionsfreien Olympia" zeigen wollte, wie gut sie ihren Staatsapparat im Griff hat, ist der Fall ein Desaster. Bereits ein Jahr zuvor war ein hoher Beamter zum Tode verurteilt worden, weil er mit Geldern aus dem Olympiabudget Luxusappartements für Sportfunktionäre gebaut hatte.

Bereits im Jahre 2000 wurde der 77-jährige Cheng Kejie, stellvertretender Vorsitzender des Nationalen Volkskongresses (NVK), wegen Korruption und Untreue von 5 Millionen US-Dollar angeklagt und später hingerichtet. Cheng Kejie war nach Präsident Jiang Zemin und dem NVK-Vorsitzenden Li Peng der drittmächtigste Politiker in China und somit der ranghöchste Politiker in der Geschichte der Volksrepublik, der hingerichtet wurde. Im gleichen Jahr war in Xiamen der größte Schmuggelskandal in der chinesischen Geschichte aufgedeckt worden, in dem fast die gesamte Führung des Zolls verstrickt gewesen war.

Wichtige Fragen:

- Wie hat Korruption Chinas wirtschaftlichen Aufschwung unterstützt?
- Warum unterstützt Korruption Chinas wirtschaftlichen Aufschwung nicht mehr?
- Warum versucht die chinesische Regierung, Korruption zu bekämpfen?
- Wie bekämpft die chinesische Regierung Korruption?
- Welcher Art von Korruption sind ausländische Manager ausgesetzt?
- Wie sollen sie damit umgehen?

Während der ersten 15 Jahre der Wirtschaftreformen seit den frühen 1980er Jahren hat die chinesische Regierung das Korruptionsproblem weitestgehend ignoriert. Stattdessen steckte sie alle Energie in den Aufbau von marktwirtschaftlichen Strukturen, um die Wirtschaft um jeden Preis anzukurbeln. Hohes, von Korruption angetriebenes Wirtschaftswachstum war besser als niedriges und ehrliches Wirtschaftswachstum.

Die obige Strategie funktionierte nur etwas über ein Jahrzehnt. Dann fing die Korruption an, die Wirtschaft zu strangulieren. **Alte Seilschaften, die Geschäfte am Staat**

und den Marktkräften vorbei betrieben, begannen, der Wirtschaft großen Schaden zuzufügen.

- Chinesisches Geld verschwand auf ausländische Konten und stand somit nicht mehr der chinesischen Wirtschaft zur Verfügung.
- Obwohl ein Steuersystem eingeführt wurde und die größten Firmen sich Steuerzahlungen leisten konnten, wurde doch vielfach Steuer hinterzogen.
- Die Korruption hielt ausländische Geschäftsleute, die ein verlässliches und faires Geschäftsumfeld bevorzugen, davon ab, in China zu investieren.
- Korruptionsskandale, in der hochrangige Regierungsvertreter verstrickt waren, schadeten dem öffentlichen Ansehen der Kommunistischen Partei Chinas.

Besonders die beiden letzten Gründe zwangen die Regierung zum Handeln.

Interner Druck

Die chinesische Öffentlichkeit setzt ihre Führung stark unter Druck. In Umfragen vor einigen Jahren glaubten die Chinesen, dass Korruption das größte Problem Chinas ist. Der damalige Staatspräsident Jiang Zemin machte auf allen Ebenen ernst, den „Krebs der Korruption" zu bekämpfen. Sein Nachfolger Hu Jintao und Regierungschef Wen Jiabao führen den Kurs fort. Die Regierung war sich bewusst, dass mehr als nur starke Worte gegen Korruption gefunden werden mussten, um die Glaubwürdigkeit aufrechtzuerhalten. Deswegen werden in spektakulären Verhaftungen auch von Kadern politische Zeichen gesetzt. Über diese Fälle wird in den Medien breit diskutiert. Einerseits soll es hochrangige potenzielle Täter abschrecken, anderseits soll es den chinesischen Bürgern signalisieren, dass alle – auch hohe Kader – vor dem Gesetz gleich sind. Präsident Jiang Zemin sagte Anfang dieses Jahrzehntes in ungewohnter Offenheit: **„Wenn die Korruption nicht unter Kontrolle gebracht wird, dann wird sie zur Gefahr für die Regierung."** Daran wird sich auch bis zum Ende des Jahrzehntes nichts ändern.

Externer Druck

Im Zuge des großen Interesses, in China zu investieren, muss die chinesische Regierung Ausländern ein stabiles Umfeld für langfristiges wirtschaftliches Engagement bieten. **China hat**

sich als Mitglied der Welthandelsorganisation bereit erklärt, seine Gesetze transparenter zu machen und in Ordnung zu bringen. Der Druck wird allerdings dadurch gemindert, dass die westlichen Unternehmen den chinesischen Markt brauchen, um ihre Marktanteile und Wachstumsraten aufrechterhalten zu können.

Verbesserte Antikorruptionsinstitutionen

Als sichtbares Zeichen einer neuen Antikorruptionskampagne bekam die nationale Prüfungsbehörde im Jahr 2000 ein neues Gesicht. Neu organisiert wurde das Ministerium zu einer Art Antikorruptionsministerium ausgebaut. Der damalige Präsident Zhu Rongji gab der Behörde viele Befugnisse und erließ eine Verordnung, die es Managern und hohen Regierungsvertretern wesentlich erschwerte, in die eigene Tasche zu wirtschaften. Bis hin zu Ministern und Bankvorständen wurden Offizielle und ihre Institutionen durchleuchtet, sobald sie einen neuen Posten antraten oder in den Ruhestand gingen.

Aber die Antikorruptionskampagne zielte auch auf das mittlere Management. Im Jahre 2000 ging es 130.000 korrupten Kadern, darunter 17 Ministern, an den Kragen. Über 20.000 korrupte und kriminell tätige Firmen, die unter dem Deckmantel des Militärs und der Polizei operierten, wurden geschlossen. Ähnliche Erfolge gab es bei Schmuggelfällen, mit geahndeten 1.000 Delikten und einem Gesamtvolumen von 600 Millionen US-Dollar. Von 55 geprüften Regierungsinstitutionen waren ein Drittel in Korruptions- und Veruntreuungsfälle verstrickt. Der Schaden belief sich auf mehrere hundert Millionen US Dollar. Am schlimmsten erwies sich das Ministerium für Wasserangelegenheiten, das insgesamt 72 Millionen US-Dollar veruntreut hatte, anstatt das Geld wie geplant für die Flutbekämpfung zu verwenden. Der zuständige Minister Niu Maosheng baute sich stattdessen Luxushotels und moderne Bürogebäude. Als das Ministerium auf einer Auktion versuchte, die Objekte zu verkaufen, griffen die Behörden ein und brachten die Verantwortlichen vor Gericht. Seitdem hat die Prüfungsbehörde immer weiter an Gewicht gewonnen.

Im ersten Halbjahr 2006 deckte das National Audit Office, Chinas Rechnungshof und oberste Antikorruptionsbehörde, im Staatsapparat Unterschlagungen in Höhe von 2,93 Milliarden Euro auf. Unter anderem flossen für den Ausbau der Infrastruktur vorgesehene Mittel in Luxusvillen oder Scheinfirmen.

Kader spekulierten mit Geldern aus dem Pekinger Olympiabudget an der Börse und bauten mit Entschädigungen für
umgesiedelte Dorfbewohner am Drei-Schluchten-Staudamm
ein Feriendorf. Im gleichen Zeitraum wurden nach Angaben
des Pekinger Volksgerichtshofs über 10.000 Beamte der
Korruption schuldig befunden – ein deutlicher Anstieg gegenüber den fünf Jahren zuvor, in denen insgesamt 83.308 Kader
verurteilt wurden. 2006 zog die Disziplinarkommission der
Kommunistischen Partei 115.000 Personen wegen Betrugs
zur Rechenschaft. 2007 verkündete Li Jinhua, der Chef der
Antikorruptionsbehörde, dass in den vergangenen zwölf
Monaten in China veruntreute Gelder in Höhe von 6,2
Milliarden US-Dollar entdeckt wurden. 28 Beamte wurden
verhaftet. Es steht allerdings zu befürchten, dass nicht nur die
Korruptionsbekämpfung effizienter geworden ist, sondern
auch die Korruption.

Dennoch, Chinesen sind immer weniger gewillt, sich mit
Korruption abzufinden und üben somit Druck auf die Regierung aus. Die ausländischen Investoren verlangen hingegen
verlässliche Spielregeln, die sie selten finden. Im täglichen
Geschäft müssen sich westliche Manager daher mit Korruption arrangieren, sodass das Geschäft für sie kalkulierbar und
voraussehbar wird. Insgesamt jedoch kann man davon ausgehen, dass die Korruption zwar so hoch ist, dass sie die
volkswirtschaftliche Entwicklung behindert, aber nicht von
einem hohen einstelligen Wachstumskurs abbringt.

5.12 Frauen im Geschäftsleben

 „Frauen halten den halben Himmel", sagte Mao
1968. Wahrscheinlich zwinkerte er dabei seinen
Konkubinen zu wie ein gutmütiger Patriarch. Wie die
Kaiser hatte auch er eine besondere Truppe in der Garde
bilden lassen, die ihn mit Geliebten zu versorgen hatte. Egal
wo er sich aufhielt, musste ein Ruheraum zur Verfügung
stehen, in den er zwischen Sitzungen verschwand und sich
mit Frauen von den Strapazen der Politik erholte.

Dennoch begann mit dem Satz vom halben Himmel die
Emanzipation der chinesischen Frauen. Ohne dass sie darum
gebeten hätten, holten die Kommunisten sie hinter dem Herd
hervor und machten sie zu vollwertigen Mitgliedern des
Proletariats. Die Wegbereiter der Weltrevolution brauchten sie

an der Arbeitsfront. Und tatsächlich haben die Frauen sich dort gut eingerichtet: **Sie werden immer einflussreicher, reicher und unabhängiger, privat ebenso wie in Wirtschaft und Politik.**

Derzeit sind 45 Prozent der arbeitenden Bevölkerung weiblich, 40 Prozent der Regierungsstellen werden von Frauen besetzt. Neun weibliche Staatsführer hat China derzeit. 2001 waren es noch fünf. „Das zeigt den Fortschritt in der Beteiligung von Frauen und deren Einfluss an den politischen Belangen des Landes", sagt Huang Qingyi, Vizepräsidentin der All China Women's Federation. 1950 trugen Frauen 20 Prozent zum Familieneinkommen bei – mittlerweile bringen sie mehr als 40 Prozent des Geldes nach Hause. **Immer mehr Chinesinnen machen Karriere und setzen sich in Führungspositionen durch. Sie sind gut ausgebildet, zielstrebig, selbstbewusst und erfolgreich. Und sie werden von klein auf dazu gedrillt, Karriere zu machen und Geld zu verdienen.** Selbst die zwei reichsten Menschen Chinas sind nach der Hunrun-Liste heute Frauen: Yang Huiyan, CEO der Immobilienfirma Country Garden überholte mit einem Aktienbesitz von 9,52 Milliarden US-Dollar und einem erfolgreichen Börsengang im April 2007 die bisher reichste Frau, die „Königin des Altpapiers", Zhang Yin, die es als Selfmade-Frau mit einem Startkapital von 3.000 Euro und recyceltem Altpapier auf ein Vermögen von 2,7 Milliarden Euro brachte.

Zwar ist noch keine Frau im mächtigen neunköpfigen Ständigen Komitee des Politbüros, doch das ist nur eine Frage der Zeit. Denn Vizepremierministerin Wu Yi ist schon heute weitaus mächtiger als manche ihrer ranghöheren männlichen Kollegen. Sie hat sich längst daran gewöhnt, die einzige graue Dauerwelle unter hundert nachgeschwärzten Scheitelfrisuren zu sein, verhandelte Chinas Beitritt in die WTO, führte den Kampf gegen SARS und ist in den Handelskonflikten mit den USA die eiserne Lady, die Washington die Beschränktheit seiner Macht aufzeigt, dabei aber auch gleichzeitig Sympathiepunkte gewinnt. **Denn wie die meisten chinesischen Frauen ist sie emanzipiert, ohne eine „Emanze" zu sein.**

Deswegen haben es auch westliche Frauen in China relativ leicht, Geschäfte zu machen und anerkannt zu werden. In Verhandlungen werden Frauen genauso ernst genommen wie Männer. Und die chinesischen

Frauen sind auch für ihre Härte bekannt. Dennoch spielen die Frauen eine Sonderrolle. Sie gehen in der Regel nicht mit in die Karaokesalons, wo Männer mit Hostessen auf dem Schoß sehr laut und alkoholisiert Lieder singen. Es wird nicht erwartet, dass sich die Frauen daran beteiligen. Das hat den Vorteil, dass ihnen dieser „Open-End"-Teil des Abends erspart bleibt, andererseits haben sie nicht die Chance, beim Bruderschaftstrinken die eine oder andere geschäftliche Hürde zu überwinden.

Starke Frauen hat es in China schon immer gegeben. Die chinesische Geschichte ist voll von ihnen. So hatte im 7. Jahrhundert Kaiserin Wu Zetian ihren eigenen Harem voller Männer, die ihr dienten. Allerdings schlug sich der Einfluss der Frauen selten darin nieder, dass sie sich dieselben Machtsymbole aneigneten wie Männer. Sie hatten andere Methoden, um Einfluss zu bekommen: durch Schönheit, List und Intrigenspiel. Die berühmteste Konkubine Chinas, Yang Guifei, war von einer solchen Schönheit, dass Kaiser Xuanzong sich noch mit sechzig Jahren so sehr in sie verliebte, dass er das Regieren vergaß und ihm die Belange des Staates nicht mehr wichtig erschienen. Yang überredete ihn, einem jungen Militärgouverneur immer mehr Truppen zu überlassen, der schließlich 755 putschte, sodass Xuanzong aus seiner Hauptstadt flüchten musste und schließlich abdankte. Kurz vor Ende des chinesischen Kaiserreichs schaffte es die Konkubine Cixi, die mächtigste Frau im Reich zu werden. Kaiser Xianfeng verbrachte so viel Zeit mit ihr, dass er darüber Audienzen und andere Termine vergaß. Nach seinem Tod beseitigte sie in einem Staatsstreich die Minister und regierte 47 Jahre lang selbst. Während offiziell der Kaiser auf dem Thron saß, flankiert von seinen Beamten, saß Cixi „hinter dem Vorhang" und gab die Kommandos.

Trotzdem lebte die große Mehrheit der Frauen im alten China nach den Regeln des Konfuzianismus: Sie mussten gehorchen – erst dem Vater, dann dem Ehemann, später dem ältesten Sohn. Fünftausend Jahre lang blieben die chinesischen Frauen daheim, machten die Hausarbeit, zogen die Kinder auf und bemühten sich, für ihren Gatten möglichst lange attraktiv zu bleiben. Denn wohlhabende Chinesen hielten sich stets Nebenfrauen, die sie wie Statussymbole – einem besonderen Vogel oder seltenen Kunstwerk gleich – vorführten. Regeln wie „Der Mann ist etwas Besseres als die Frau" bestimmten das Denken, und Männer bereiteten sich mit Sprüchen wie „Heirate einen Hund, lebe mit einem Hund" aufs Eheleben vor.

Erst nach der Gründung der Volksrepublik 1949 wurde das Füßebinden, das als Symbol des feudalen China galt und die Frauen daran hinderte, das Haus zu verlassen, verboten. Die Frauen sollten genauso für den Kommunismus arbeiten können wie Männer. **„Frauen sind den Männern ebenbürtig", sagte Mao und führte 1950 Ehegesetze ein, nach denen Scheidung legalisiert wurde und Brautverkäufe ebenso verboten wurden wie das Halten von Konkubinen.** Frauen durften Besitz haben. Innerhalb von drei Jahren hatte Mao die traditionell chinesische Familienstruktur aufgelöst und Gleichberechtigung von Mann und Frau geschaffen, zumindest theoretisch. Sie verrichteten dieselben Arbeiten wie ihre Männer, arbeiteten als Busfahrerinnen und in Fabriken. Allerdings wurden selbst auf dem Höhepunkt der Mao-Ära Frauen in der Kommune schlechter bezahlt als Männer und zeitweise von der Arbeit freigestellt, um „ihre" Hausarbeit zu erledigen.

Mit dem Übergang vom Sozialismus zur Marktwirtschaft hat sich das Frauenbild in der Volksrepublik geändert. **Hatten Frauen unter Mao in vielen Berufen „ihren Mann gestanden", beherrscht heute das Bild der feminisierten und kommerzialisierten Frau die Medien.** Zhang Ziyi gilt als Aushängeschild des modernen China. Sie ist als Schauspielerin durch Filme wie *Hero*, *Crouching Tiger – Hidden Dragon* und *Memoirs of a Geisha* international bekannt geworden und gilt als eine der einflussreichsten Frauen im Entertainmentbereich. **Die moderne Frau im Fernsehen und in der Werbung hat nichts mit dem unterdrückten Heimchen des Konfuzianismus oder der asexuellen Arbeiterin der Mao-Zeit gemeinsam.** Aber auch nichts mit dem Schreckgespenst Emanze. Die moderne Chinesin ist jung, schön, selbstbewusst, nach dem neuesten Schick gekleidet, humorvoll, erfolgreich, ohne überheblich zu sein, und besticht durch ihren Scharfsinn – kombiniert mit einer Anmut und einer Sensibilität, die sehr weiblich ist. Zudem ist sie noch eine gute Ehefrau, bewältigt spielerisch Familie und Karriere.

Die Frauen behaupten sich in Wirtschaft und Gesellschaft – vor allem aber in ihren Beziehungen. Es heißt nicht umsonst noch immer „Frauen sind wie Wasser – egal wie viel Mut und wie viel Feuer der Mann hat, wenn er nach Hause kommt, wird es gelöscht". **Doch auf dem Land sind Traditionen und patriarchalische Strukturen noch sehr viel stärker vertreten. Freiheit und finanzielle Unabhängigkeit betrifft vor allem die Frauen in den Städten.** Und selbst dort leben viele der modernen Chinesinnen noch bei ihren Eltern und stehen unter deren Einfluss, bis sie verheiratet sind. Gerade durch die Ein-Kind-Politik, die gemeinhin als Symbol für die Unterdrückung der Frau gilt, werden inzwischen viele Mädchen genauso gefördert und ausgebildet wie früher nur die männlichen Kinder.

„Frauen sind eine große Quelle von Stärke bei der Schaffung von menschlicher Zivilisation", sagte auch Hu Jintao und betont damit unterschwellig die Verantwortung, die die Frau im modernen China zu tragen hat. Deshalb werden in den chinesischen Medien Frauen wie He Ran, Gründerin des innovativen Telekomgiganten Goldtel Communication Group, oder Soho CEO Zhang Xin, die am Fließband einer Fabrik begann und inzwischen zusammen mit ihrem Mann die Lifestyle-Trendsetterin der Immobilienbranche ist, als Vorbilder herangezogen. Frauen, die es geschafft haben.

Die Frauen bewundern sie, die Männer fürchten sie und versuchen sich mit Überlegungen zur weiblichen Spezies bei Laune zu halten: „Frauen sind wie Alkohol: Zwanzigjährige sind wie Bier – davon hat man nie genug; Dreißigjährige sind wie gelber Wein – wenn man nicht aufpasst, wird man betrunken; Vierzigjährige sind wie Schnaps – man muss langsam trinken, dann kann man lange darüber nachsinnen."

Tatsächlich sind die gefeierten Powerfrauen nicht für alle Vorbilder. Und die wenigsten Chinesinnen haben so viel Glück und Erfolg. Eine Studie an sieben Universitäten in der zentralchinesischen Provinz Henan fand heraus, dass fast 80 Prozent der Studenten glauben, der größte Unterschied zwischen Männern und Frauen seien heute die ungleichen Jobchancen. Da es keine Antidiskriminierungsgesetze für Frauen bei der Arbeit gibt, bekommen Frauen meistens einen niedrigeren Lohn – und zwar in allen Bereichen: vom Wanderarbeiterjob bis zu Managerpositionen. Die Emanzipation in China ist zwar auf dem Vormarsch, aber noch längst nicht am Ziel. „Die Unterschiede zwischen Mann und Frau existieren von der Geburt an. Wenn Unterschiede – physische und mentale – respektiert werden und Frauen das Recht haben, ihren eigenen Lebensstil zu wählen, nur dann kann Gleichberechtigung realisiert werden", sagt Pan Yukang von Chinas Heirats- und Familienforschungsinstitut. Diese Wahl haben jedoch die wenigsten.

Und viele Chinesinnen sind den täglichen Kampf gegen ihre männlichen Konkurrenten im Jobmarkt leid: Immer mehr Frauen wollen ihre Karriere aufgeben. Über 10 Prozent der befragten Shanghaier Frauen glauben, dass als Hausfrau ihre Lebensqualität höher sei und sie weniger Stress ausgesetzt seien. Fast die Hälfte würde sich für das Leben als Hausfrau entscheiden, wenn es finanziell möglich wäre. Jedoch als eine Art Edelhausfrau: immer nach dem neuesten Trend gekleidet, mit einem großen sozialen Netzwerk und schöngeistigen Hobbys. Und auch eine Untersuchung in Guangdong zeigte, dass mehr als 40 Prozent der Frauen am liebsten ihre Jobs an den Nagel hängen würden, wenn es die finanzielle Situation ihrer Familie erlaubte. Für viele ist das Leben als Hausfrau die perfekte Kombination aller Elemente, dazu gehören Freizeit, Freiheit und Eleganz.

6. Die Hauptstadt Peking

6.1 Kurze Stadtgeschichte

 Erstmals taucht Peking 1.100 Jahre vor unserer Zeitrechnung als Siedlung der Shang-Dynastie auf und wurde Ji (Schilf) genannt. **Die heutige Hauptstadt war eine Grenzstadt**, die Handel mit Mongolen, Koreanern und verschiedenen zentralchinesischen Stämmen trieb, bis sie schon 453 v. Chr. zur Hauptstadt des Yan-Königreiches wurde. Der erste Kaiser nahm die Stadt ein und machte sie zu einer Grenzbastion gegen die Barbarenvölker aus dem Norden. 1013 änderte sich während der Liao-Dynastie der Name in Yanjing (Hauptstadt des Yan-Königreiches). Die Liao bauten Peking zur größten Stadt neben ihrer Hauptstadt Kaifeng aus. **Noch heute erinnert das Pekinger Bier Yanjing an den alten Namen der Hauptstadt.** Trotz hoher Stadtmauern eroberten die Dschurdschen aus dem Norden die Stadt und nannten sie 1125 Zhong Du (mittlere Hauptstadt). Sie bauten prunkvolle Paläste und erweiterten die Stadt. 1215 wurde all diese Pracht jedoch schon wieder zerstört, als die Mongolen Zhong Du eroberten. Kublai Khan, der Enkel Dschingis Khans, ließ die Stadt im Gebiet des heutigen Beihai-Parks wieder aufbauen und nannte sie **Dadu** (große Hauptstadt). **Sie wurde Zentrum und Hauptstadt des Mongolenreiches und erlebte einen ungeheuren Aufschwung. Aus dieser Zeit stammen auch die Berichte Marco Polos, der die Stadt auf das Großartigste lobte.** Zhu Yanhang, Begründer der Ming-Dynastie beendete 1368 die Mongolenherrschaft und übernahm die Stadt. Seine Hauptstadt wurde allerdings das südliche Nanjing. Dadu wurde kurzerhand umbenannt in Beiping (nördlicher Friede). Doch schon der dritte Kaiser dieser Dynastie, Yongle, machte Dadu 35 Jahre später wieder zur Hauptstadt des Reiches und nannte sie 1406 Beijing (nördliche Hauptstadt). Der gesamte Hof zog nach Peking. **Die Grundsteine der Verbotenen Stadt und des Himmelstempel legte eben dieser Kaiser Yongle, sodass er oftmals der „wahre Architekt des modernen Peking" genannt wird.** Als 1644 die Mandschuren China eroberten und die Qing-Dynastie gründeten, blieb Peking die Hauptstadt des Reichs der Mitte. Die Stadt wuchs immer mehr und erstrahlte in neuem Glanz. Sommerpaläste, Pagoden und Tempel entstanden. Doch die Machtkämpfe und Invasionen des 19. Jahrhunderts in ganz China verursachten Chaos und hatten auch Auswirkungen auf die Hauptstadt. Der Ausbau stagnierte. 1868 marschierten anglo-französische Truppen in die Stadt ein und zerstörten den Alten Sommerpalast nahezu vollständig. Während des chinesischen Bürgerkrieges verlor Beijing seinen Status als Hauptstadt. Die Guomindang machte Nanjing zur Hauptstadt und nannte Beijing wieder in Beiping um. Während des Bürgerkrieges und vor allem der Kulturrevolution wurde vieles in der Kaiserstadt zerstört. Anfang 1949 kamen die Truppen der Volksbefreiungsarmee in die Stadt. **Am 1. Oktober 1949 rief Mao auf dem Pekinger Tiananmen-Platz die Volksrepublik China aus – mit Beijing als Hauptstadt und Zentrale.** Seit der Öffnungspolitik Deng Xiaopings fließt immer mehr Geld ins Land, und das macht sich auch am Stadtbild bemerkbar. Im heutigen Peking entstehen in ungeheurem Tempo Wolkenkratzer und Einheitsbetonbauten neben alten chinesischen Hutongs und Pagoden. Viele alte Häuser wurden abgerissen, Shoppingmalls, Highways und Hochhäuser zeigen stattdessen das moderne China als Weltmetropole.

6.2 Sehenswürdigkeiten

Kaiserpalast (Gugong)

1406 ernannte der dritte Kaiser der Ming-Dynastie, Yongle, Peking zu seiner Hauptstadt und begann mit der Planung des prächtigen Palastes. Zehn Jahre dauerte die Beschaffung der Baumaterialien, vor allem des harten und duftenden Nanmu-Holzes, das aus dem Süden über Flüsse und extra gegrabene Kanäle nach Norden geflößt wurde. Die riesigen Bruchsteinplatten wurden im Winter über speziell erstellte Eisbahnen aus den Bergen herangeschafft und dann in Handarbeit mit Reliefs versehen. Hunderttausende von Dachziegeln wurden in der Gegend der heutigen Liulichang gebrannt. **Etwa 600 Jahre alt ist der Palast, in dem die Kaiser der Ming- und der Qing-Dynastie über das Reich der Mitte herrschten.**

Die wichtigsten Gebäude liegen auf der zentralen Nord-Süd-Achse, die sich durch die gesamte Hauptstadt zieht. Im Süden, hinter riesigen Toren und einem weiträumigen Platz, ragen Empfangshallen auf, in denen der Kaiser, verborgen hinter einem Schleier aus Sandelholzrauch, auf dem verhältnismäßig schlichten Thron saß. Dahinter lagen die Wohnquartiere für den Herrscher und seine unmittelbare Familie, die allerdings später ebenfalls als Empfangs- und Arbeitsräume genutzt wurden. Zwischen diesen und dem Nordtor befindet sich der idyllische kaiserliche Garten.

Seitlich liegen im vorderen, offiziellen Bereich Archive und Arbeitsräume für Minister und Beamte. Im hinteren, privaten Bereich befinden sich die Wohnpaläste der anderen Mitglieder des Hofes, später auch der Kaiser und Kaiserinnen.

In der nordöstlichen Ecke des Palastes ließ sich Qing-Kaiser Qianlong den Palast des Ruhevollen Alters bauen, in den er sich nach 60 Jahren Regierungszeit zurückzog. Tatsächlich wohnte er aber nicht in dem Palast, sondern erst die Kaiserinwitwe Cixi ließ ihn zu ihrem 60. Geburtstag herrichten.

Im Süden begrenzt seit 1771 die berühmte Neun-Drachen-Mauer (Jiulongbi) den Palast. Sie ist 3,50 Meter hoch und 29,40 Meter lang. Auf der Hauptfläche aus 270 glasierten Kacheln sieht man neun mit Flammenperlen spielende Drachen. Den Rang eines Drachen erkennt man an seinen Krallen. Nur wenn er fünf hat, ist er ein echter Drache und symbolisiert den Kaiser.

Heute werden die Palasthallen als Museum genutzt, in dem die Schätze des Palasts und der Kaiser gezeigt werden. Allerdings nur ein kleiner Teil der Schätze, denn die Kleidung, Möbel, Einrichtungs- und Dekorationsgegenstände, Kunstwerke, religiösen Objekte und Geschenke, die den Kaisern im Laufe der Zeit aus aller Welt überreicht wurden, sind so vielfältig, dass nicht alles ausgestellt werden kann. Einen Teil nahm die Guomindang in den 1930er Jahren auf der Flucht vor den Japanern mit in den Süden und schließlich nach Taiwan, sodass es in der dortigen Hauptstadt Taipeh ein Palastmuseum mit vielen prachtvollen Objekten gibt.

Öffnungszeiten: täglich 9.00 bis 16.00 Uhr

Platz des Himmlischen Friedens (Tian'anmen-Platz)

 Pekings wichtigster Platz – mit 50 Hektar Fläche soll er der größte der Welt sein – liegt im Zentrum der Hauptstadt. Im 20. Jahrhundert wurde er zum Aufmarschplatz der Massen.

Die Hauptstadt Peking

Zur Kaiserzeit hatte der Platz noch die Form eines T. An der Breitseite im Norden befand sich, wie heute, das **Tor des Himmlischen Friedens** (Tian'anmen), die Südbegrenzung des Kaiserpalastes, von dem im Schnabel eines goldenen Phönix die kaiserlichen Edikte herabgelassen wurden, damit sie dem Volk von den Beamten verkündet werden konnten. Direkt am Platz lag im Osten das Kriegsministerium, im Westen das Zivilministerium. Am Südende des Platzes lag mit dem Qianmen, das heute zum Teil rekonstruiert ist, der Übergang zwischen Kaiserstadt und Wohnstadt der Bürger. Eine breite Allee (heute Qianmen Dajie) führte nach Süden zum Himmelstempel.

Nach dem Ende der Kaiserzeit (1911) wurde der Platz für die Allgemeinheit freigegeben und zum Ort politischer Demonstrationen, wie am 4. Mai 1919 nach dem Vertrag von Versailles; am 4. April 1976; oder während der im Westen bekanntesten, gewaltsam beendeten Protestbewegung im Juni 1989.

Seine jetzige Größe erhielt der Platz 1959, als zum zehnjährigen Jubiläum der Volksrepublik zehn Prunkstücke stalinistischer Architektur in die Stadt gepflanzt wurden. Zwei liegen direkt am Platz, im Osten das Geschichts- und Revolutionsmuseum und im Westen die Große Halle des Volkes, in der Chinas Scheinparlament sowie die Partei tagen.

Mitten auf dem Platz steht das fast **40 Meter hohe Denkmal der Volkshelden**, eine quadratische Stele mit Inschriften Mao Zedongs und Zhou Enlais und Reliefs, die Szenen der Revolutionsgeschichte Chinas darstellen. Südlich davon steht das **Mausoleum Maos**, noch immer mit langen Besucherschlangen und Zeichen seines unübertroffenen Personenkults.

Alter Sommerpalast (Yuanmingyuan)

 Eigentlich ist es gar kein Palast, sondern die **Nachbildung von südchinesischen Gärten.** Daher ist der chinesische Name treffender: **Garten der Vollkommenen Klarheit**. 1709 ließ der Kangxi-Kaiser Seen und Kanäle im Nordosten der Stadt graben, Hallen, Tore und Pavillons bauen, um die Parklandschaft des Südens auch in die Hauptstadt im Norden zu bringen.

Um den Europäern, die immer zahlreicher am chinesischen Hof vorsprachen, zu zeigen, dass sich der Kaiser von China jeden Luxus leisten konnte, beauftragte er 1747 den Jesuiten-pater Giuseppe Castiglione, den **Park durch eine europäische Anlage zu erweitern und eine Gruppe von Rokoko-schlösschen zu entwerfen, dazu Fontänen, Brunnen, Statuen und einen Triumphbogen.**

Doch als europäische Truppen zum Ende des zweiten Opiumkriegs (1856–60) Peking besetzten, plünderten und zerstörten sie die Anlage. Drei Tage lang soll der Alte Sommerpalast gebrannt haben.

Öffnungszeiten: täglich 7.00 bis 19.00 Uhr (im Sommer), 7.00 bis 17.30 Uhr (im Winter)

Beihai-Park

 Früher Lustgarten der Kaiser ist der Beihai (Nord-meer)-Park heute **einer der beliebtesten Parks der Pekinger.**
Im Süden des Parks liegt die **Runde Stadt** (Duancheng), die über lange Zeit Kaserne für die Palastwachen war, jedoch auch einige Kleinodien aufbewahrt. In der Halle der Erleuchtung zum Beispiel, die einen kreuzförmigen Grundriss hat, wird eine tibetische oder burmesische Buddhafigur aufbewahrt, die Jadebuddha genannt wird. Angeblich soll ein Mönch sie und eine andere Statue 1893 in Burma geschenkt bekommen haben, als er behauptete, er reise im Auftrag der Kaiserinwitwe Cixi, die als strenge Buddhistin bekannt war. Cixi erfuhr davon und der Mönch sah sich genötigt, ihr die größere Figur feierlich zu überreichen. In anderen Quellen heißt es hingegen, die Figur sei ganz einfach ein Tributge-schenk aus Tibet.

In einem Pavillon südlich der Halle steht ein Weingefäß aus Jade mit 1,50 Metern Durchmesser, das dem Mongolen Kublai Khan gehörte.

Über eine Brücke gelangt man auf die **Jadeinsel** (Qi-onghuadao). Auf dem Gipfel des Hügels steht die weithin sichtbare Weiße Dagoba (Baita). Ein solches Bauwerk ist eigentlich ein tibetisches Grab für einen hochgestellten Mönch. Hier wurde die Dagoba jedoch 1651 anlässlich eines Besuches des 5. Dalai Lama am Kaiserhof errichtet. Die Dagoba wurde lange als Signalturm genutzt, tagsüber mit Flaggen, nachts mit farbigen Laternen.

Im Park finden sich außerdem Pavillons sowie eine ganze Reihe von Häusern und kleinen Tempeln, in denen man teilweise herumwandern kann oder die bereits als Museen dienen.

Die **Neun-Drachen-Mauer** (Jiulongbi), die ebenfalls etwas verborgen liegt, ist 25,5 Meter lang, 6,9 Meter hoch und 1,4 Meter dick und steht anders als ihr Pendant im Kaiserpalast frei, ist also von beiden Seiten mit glasierten Kacheln bedeckt, auf denen jeweils neun große Drachen, die kaiserlichen Wappentiere, dargestellt sind. Insgesamt gibt es 635 Drachen auf der Mauer. Gebaut wurde sie zur Geisterabwehr für die Gebäude des Übersetzungs- und Druckstudios für lamaistische Texte, das weiter nördlich lag. Bis 1919 half die Mauer, dann brannte das Studio ab.

Beim Nordtor liegt das Studio zur **Beruhigung der Sinne** (Jingxinzhai), ein von einer hohen Mauer umschlossener Garten im Garten. Cixi wandelte angeblich gerne über die schmalen Stege durch kunstvoll angeordnete Pflanzen und über das Wasser und trank in einem der Pavillons Tee. In der Republikzeit wurde der Garten von verschiedenen staatlichen Institutionen genutzt, etwa der Academia Sinica. In den 1960er Jahren wohnte der gerade aus dem Gefängnis entlassene letzte Kaiser, Puyi, hier und schrieb seine Memoiren.

Öffnungszeiten: täglich 6.00 bis 20.00 Uhr (Park), 8.00 bis 16:30/17:30/18:30 (Weiße Dagoba je nach Jahreszeiten)

Trommelturm (Gulou) und Glockenturm (Zhonglou)

 Der Trommelturm und der Glockenturm stehen an einer Stelle, an der schon Kublai Khan in der Mitte seiner Hauptstadt einen Turm und einen Tempel errichten ließ, die aber zerstört wurden. **Der Trommelturm entstand mit dem Kaiserpalast etwa 1420,** wurde aber später mehrfach renoviert und umgebaut. Heute werden dort Trommeln ausgestellt, und von der Galerie hat man eine **gute Aussicht über die Stadt**, in das noch recht ursprüngliche angrenzende Viertel mit chinesischen Hofhäusern und einem Markt. Der Glockenturm ist kleiner, gedrungener und einfacher. Nach einem Brand entstand er 1747 neu und ganz aus Steinen. Durch seine Konstruktion steht er so sicher, dass selbst schwerste Erdbeben ihm bisher nicht geschadet haben. Im alten China wurde der Tag in Doppelstunden eingeteilt. Ausgangspunkt war sieben Uhr abends, dann wurde die große

Trommel 13-mal geschlagen, womit die Uhr als gestellt galt. Danach gab es alle zwei Stunden nur einen einzigen Schlag, tagsüber auf der Glocke, nachts auf der Trommel.

Öffnungszeiten: täglich 9.00 bis 17.00 Uhr

Große Mauer (Chang cheng)

 Korrekt übersetzt müsste die Große Mauer „lange Mauer" heißen. Dabei weiß niemand ganz genau, wie lang das **Wahrzeichen Chinas** wirklich ist. Die Chinesen nennen sie wan li chang cheng, also 10.000 li lange Mauer, das entspräche etwa 5.000 Kilometern. Das ist zu wenig, aber wan bedeutet auch „unendlich". Das wäre wiederum übertrieben. **Schätzungen liegen heute bei rund 6.800 Kilometer Länge.** Es ist genau betrachtet nicht eine Mauer, sondern ein **System von Mauern**, die in der Han-Dynastie und später in der Ming-Dynastie zur Abwehr der Völker aus dem Norden miteinander verbunden waren.

Schon vor 2.700 Jahren bauten einzelne Fürstentümer Mauern gegen die Nachbarfürsten, die der erste Kaiser jedoch abreißen ließ, weil er das Reich geeint hatte. Nur die Mauern nach Norden, gegen die nomadischen Reitervölker ließ er stehen. Sie wurden später von der Han-Dynastie verstärkt und miteinander verbunden.

Da sich das Zentrum des Reichs später nach Süden verlagert hatte, verfiel die Mauer. **Die Mongolen, zu deren Abwehr sie ja ursprünglich gebaut worden war, rissen sie weitgehend ab, als sie im 13. Jahrhundert China eroberten.** Erst die auf die Mongolen folgende Ming-Dynastie (1368–1644) errichtete wieder Mauern, um die Reitervölker abzuhalten. Erst zu dieser Zeit entstand die Große Mauer in der bekannten Länge und der jetzt sichtbaren Form. Die Mauer passt sich dem Gelände an und hat daher eine **Höhe von 3 bis 8 Metern. An der Basis ist sie etwa 6 bis 7 Meter breit, an der Krone noch 4 bis 6 Meter.** Dort sitzen Zinnen von außen 2 und innen 1 Meter Höhe. Die Außenseite besteht aus gemauerten Bruchsteinen, ins Innere der Mauer wurde hingegen alles verfüllt, was greifbar war: Erde, Steine, Bäume und die Leichen der beim Bau ums Leben gekommenen Arbeiter. Die Mauer war gut befestigt und hatte ein spezielles Rinnensystem für den Ablauf des Regenwassers. Auf der Mauer konnten sich selbst Reiter schnell fortbewegen, denn in der Ming-Dynastie war die Mauer unter anderem **Kommunikationssystem**. Die Türme wurden nicht nur als Signalstationen benutzt, sondern waren Unterkunft für Wachmannschaften und Lager für Vorräte und Munition.

Heute sind nur einige Kilometer der Mauer restauriert, weite Strecken sind halb verfallen, andere komplett verschwunden. Am beliebtesten sind die Mauerstücke bei Badaling, etwa 90 Kilometer nördlich von Peking, und Mutianyu, etwa 95 Kilometer nordöstlich von Peking, während es in Simatai, 120 Kilometer nordöstlich, noch ruhiger ist.

Öffnungszeiten: täglich Badaling 6.30 bis 19.00 Uhr (im Sommer), 7.00 bis 18.00 Uhr (im Winter), Mutianyu 6.30 bis 17.30 Uhr

Ming-Gräber (Shisanling)

Etwa 50 Kilometer nördlich von Peking liegen in einem weiten Talkessel die Mausoleen von 13 der 16 Ming-Kaiser. Die meisten Gräber sind jedoch verfallen. Früher war das ganze Tal durch eine hohe rote Mauer abgesperrt. Nur die Wachsoldaten und einige Bauern lebten dort, wobei die Bauern sich nur um die Pflege der Grabanlagen kümmern mussten und keine Landwirtschaft betreiben durften. Mehrmals im Jahr besuchte der amtierende Kaiser die Mausoleen seiner Vorfahren. Auch er musste am Großen Roten Tor vom Pferd steigen und durch den östlichen der drei Eingänge gehen, da der mittlere dem Sarg eines toten Kaisers vorbehalten war. Nach 500 Metern kommt der Stelenpavillon mit einer 10 Meter hohen Steinstele auf dem Rücken einer Schildkröte, die als Symbol für langes Leben gilt. Die Stele ist eine Kopie der Stele in der Grabanlage des ersten Kaisers der Dynastie, der noch in der ersten Hauptstadt Nanjing beigesetzt wurde. Die Inschrift stammt vom vierten Kaiser der Dynastie, Hongxi, der in 3.500 Zeichen die Grabanlage seines Vaters Yongle, der das Tal ausgewählt hatte, beschreibt. Hinter dem Pavillon beginnt die Geisterstraße, die von paarweise angeordneten überlebensgroßen Tieren, mystischen Figuren und Beamten aus Stein gesäumt wird. Sie sollen die Gräber vor bösen Geistern und Grabräubern schützen. Auf dem Weg zu Yongles Grab versperrt das hölzerne, ganz rot gestrichene Drachen-und-Phönix-Tor den direkten Blick.

Das Mausoleum des dritten Ming-Kaisers Yongle heißt Changling und besteht aus zwei Teilen, drei rechteckigen, von einer Mauer umschlossenen Innenhöfen mit Opferhallen sowie seitlichen Vorbereitungsräumen und dem runden Tumulus, unter dem sich tief in der Erde die Grabkammer, die bisher nicht gefunden wurde, befindet. **Diese Grabgestaltung hat mit der chinesischen Vorstellung zu tun, dass die Seele des Verstorbenen sich im Tod vom Körper trennt und dann noch für etwa drei Generationen umherwandert und mit den Nachkommen kommunizieren kann.** Deshalb musste der Seele ein irdischer Teil gebaut werden, in dem sie sich wohlfühlen würde. Deswegen wurden die großen Hallen des Kaiserpalasts nachgebaut. Dort wurden der Seele des Verstorbenen vom ältesten Sohn Opfer dargebracht.

Neben einem hohen Stelenpavillon mit der Gedenkstele des Verstorbenen gibt es einen Scheinzugang zur Grabkammer, um mögliche Grabräuber irrezuleiten. Der tatsächliche Eingang befand sich an ganz anderer Stelle.

Wie eine Grabkammer gestaltet ist, kann man im Dingling, dem Grab des Kaisers Wanli (1572–1620) sehen, denn zu dieser wurde der richtige Eingang gefunden. Die Toten ruhten in doppelten Särgen, die äußeren aus lackiertem Pinienholz, die inneren aus dem harten, duftenden Nanmu aus Südchina. Sie waren mit wertvollen Seidengewändern und Schmuckstücken bekleidet und von Grabbeigaben umgeben. Diese waren vor allem aus Jade, das angeblich den Verfallsprozess des Körpers aufhält. Insgesamt wurden etwa 3.000 Objekte gefunden, von denen einige gelegentlich im Museum des Kaiserpalasts ausgestellt werden. Die Gegenstände im Changling sind Kopien.

Öffnungszeiten: täglich 8.30 bis 17.00 Uhr

Sommerpalast (Yiheyuan)

 Auch der Sommerpalast ist für die Chinesen kein Palast. Sie nennen ihn **„Garten des Friedens und der Harmonie im Alter"**. Den Namen Sommerpalast gaben der 290 Quadratkilomer großen Anlage mit Berg und See westliche Diplomaten. Sie mussten gegen Ende der Qing-Dynastie immer öfter, vor allem im Sommer, in den Nordwesten der Stadt reisen, wenn sie eine offizielle Angelegenheit mit dem Hof klären wollten. Denn die de facto regierende Kaiserinwitwe Cixi zog sich immer häufiger in ihren Garten zurück.

Die Hauptstadt Peking

Die künstlich angelegte Landschaft verbindet alle Elemente der chinesischen Gartenarchitektur: Wasser, Felsen und Pflanzen. Der Kunming-See als Yin-Element steht im Kontrast zum Berg und den am Ufer aufragenden Felsen und Pavillons, die das Yang-Element, das Männliche, bilden. Nur zusammen entsteht die perfekte Harmonie. Die Pflanzen werden gezielt ausgewählt und in einem bestimmten Rhythmus positioniert, damit ein Bild entsteht, das sich nur durch Blüte- und Fruchtzeiten verändert. Wege, Stege und Brücken führen durch dieses harmonische Ganze.

Einen solchen harmonischen Garten wollte Kaiser Qianlong seiner Mutter zum 60. Geburtstag (1752) schenken. Schon vorher gab es auf dem Hügel Pavillons, einen kleinen Tempel und ein kleines Palastgebäude am Fuß, doch das alles war Qianlong nicht repräsentativ und kaiserlich genug. Der See wurde vergrößert, der Hügel zum Berg aufgeschüttet, die Sümpfe wurden trockengelegt und Ufer und Berg bepflanzt und mit Bäumen und Gebäuden versehen. Das Original wurde jedoch am Ende des zweiten Opiumkriegs von anglo-französischen Truppen zerstört und geplündert. Eine Restaurierung ab 1873 wurde mehrfach unterbrochen. 1891 vollendete Cixi sie mit Geldern, die eigentlich für die chinesische Kriegsmarine vorgesehen waren. Symbol blieb ein Marmorboot, das sich nicht bewegt und dessen Basis bereits Qianlong für den Geburtstag seiner Mutter gelegt hatte.

Öffnungszeiten: täglich 9.00 bis 16.00 Uhr

Der Lamatempel (Yonghegong)

Im Nordosten der Stadt liegt einer der größten und schönsten Tempel Pekings, der Lamatempel mit einer aus einem 26 Meter hohen Stamm geschnitzten **Statue des Buddhas Maitreya** und beeindruckenden Gebäuden. 1694 ließ der Qing-Kaiser Kangxi hier eine Residenz für seinen vierten Sohn, den Prinzen Yong, bauen. Nachdem Yong 1723 die Thronfolge antrat, zog er in den Kaiserpalast um. Die Residenz wurde teilweise in einen Tempel des tibetischen Buddhismus umgewandelt und **„Palast des Friedens und der Harmonie"** genannt. Der kaiserliche Geheimdienst zog ebenfalls ein, eine gefürchtete Truppe von in chinesischen Kampftechniken erprobten Mönchen, die als „Büro zur Belieferung des kaiserlichen Haushalts mit Insekten" getarnt wurde. Denn der chinesische Adel hatte sich mit dem tibetischen und mongolischen verbündet, um die unruhigen Grenzgebiete im Norden und Süden zu kontrollieren. Der neue Kaiser starb jedoch 1735 und wurde im Tempel aufgebahrt. Alle Dächer mussten deswegen mit kaiserlich gelben Ziegeln gedeckt werden. Nach der Beerdigung wurde im Auftrag seines Sohnes Qianlong die Anlage endgültig in einen Lamatempel umgewandelt.

500 Mönche aus der Mongolei zogen auf Kosten des Hofes hier ein, in der zweiten Hälfte des 18. Jahrhunderts lebten bis zu 1.200 mongolische, mandschurische und tibetische Mönche des Lamaismus in dem Kloster. Die Anlage verfiel jedoch und wurde im Jahr 1900 während der Niederschlagung des Boxer-Aufstands von den alliierten Truppen besetzt. Erst Anfang der 1980er Jahre wurde der Lamatempel restauriert.

Öffnungszeiten: täglich 8.30 bis 16.00 Uhr

Himmelstempel (Tiantan)

In einem großen Park im Süden Pekings steht der Himmelstempel, **eines der schönsten Bauwerke der Stadt.** Der Himmelstempel entstand **1421** zusammen mit dem Kaiserpalast. Hier hielt der Kaiser mehrmals im Jahr „Zwiesprache mit dem Himmel", von dem er sein „Mandat" erhalten hatte. Der Himmel war dabei eher ein abstrakter Begriff. Man glaubte allerdings, dass auf der Erde nur Harmonie (und damit Wohlstand) herrschen konnte, wenn auch im Makrokosmos der gesamten Existenz Harmonie herrschte. Diese musste der Kaiser beschwören, damit die Natur sich nicht durch Unwetter, Überschwemmungen und Dürren an den Menschen rächte. Zu diesen Opfern an den Himmel zog der Kaiser mit großem Gefolge aus seinem Palast, wohnte eine Nacht im Palast der Abstinenz im Westen der Tempelanlage und fastete. Am nächsten Tag betrat er den erhöhten Ehrenweg, der auf Chinesisch Danbiqiao („Brücke der zinnoberroten Stufen") heißt und alle wichtigen Gebäude verbindet.

In der Halle des Ernteopfers fand ein Teil der Zeremonie statt. Im Inneren der wunderschönen Halle sind heute die Opfer nachgestellt, doch die Dekoration und die Symbolik verraten mehr über die chinesische Tradition. Die vier inneren Säulen tragen das oberste Dach und stehen für die vier Jahreszeiten. Die nächste Runde besteht aus zwölf Säulen, die

die zwölf Monate repräsentieren, während die äußeren zwölf Säulen die zwölf Doppelstunden des Tages symbolisieren.

Hier opferte der Kaiser am 15. Tag des ersten Mondmonats mit der Bitte um eine gute Ernte. Er brachte Weihrauch, Tiere, Wein, Jade und Seide dar, und während draußen die Palastkapelle spielte, führte er den Kotau aus: drei tiefe Verbeugungen und neunmaliges Niederwerfen auf den Boden.

Der eigentliche Himmelsaltar wurde erstmals 1530 errichtet und bestand damals aus blauen Steinplatten. Qianlong ließ ihn 1749 aus weißem Bruchstein vergrößern, damit er am Tag der Wintersonnenwende „Zwiesprache mit dem Himmel" halten konnte. Er berichtete dem Himmel über sein vergangenes Regierungsjahr und bat um den Segen für das folgende Jahr.

Es wurden hier zu den Opferzeremonien Altäre und Zelte aufgebaut, der Kaiser las Gebete und opferte Wein und Tiere. Zum Schluss wurden die Opfergaben in den unten seitlich stehenden Öfen verbrannt, sodass sie als Rauch in den Himmel gelangten.

Öffnungszeiten: Park: täglich 6.00 bis 21.00 Uhr, Gebäude: 9.00 bis 17.00 Uhr

6.3 Geschäftshotels

Kempinski Hotel Beijing Lufthansa Centre

 Lage: 20 km vom Flughafen, der Himmelstempel und die Verbotene Stadt sind circa 12 km entfernt

Arbeitsmöglichkeiten: Konferenzräume, Internetzugang, Businesscenter

Hotel: verschiedene Restaurants mit asiatischer und westlicher Küche, Boutiquen, Swimmingpool, Tennis- und Squashplätze, Fitnesscenter, Sauna, Beauty-Salon

Kosten: ab 117 €

Adresse:
Liangmaqiao Road 50
Chaoyang District, Beijing
Tel: +86 10 6465 3388
Fax: +86 10 6465 1202
E-Mail: reservations.beijing@kempinski.com

Grand Hotel Beijing

 Lage: 30 km vom Flughafen entfernt in der Nähe der Verbotenen Stadt

Arbeitsmöglichkeiten: Konferenzräume, Internetzugang, Businesscenter

Hotel: mehrere Restaurants, Bars, Coffee-Shop, Swimmingpool, Fitnesscenter, Sauna

Kosten: ab 156 €

Adresse:
35 East Chang An Avenue
Dongcheng District, Beijing
Tel: +86 10 6513 7788

Hotel Swissotel

 Lage: circa 25 km vom Flughafen entfernt. Die Verbotene Stadt und der Platz des Himmlischen Friedens sind etwa 6 km entfernt

Arbeitsmöglichkeiten: Konferenzräume, Internetzugang, Businesscenter

Hotel: 5 Restaurants und Bars, Fitnesscenter, Tennisplatz, Swimmingpool, Sauna, Dampfbad und Beauty-Salon

Kosten: ab 90 €

Adresse:
2 Chao Yang Men Bei Da Jie
Chaoyang District, Beijing
Tel: +86 10 6553 2288
Fax: +86 10 6501 2501
E-Mail: beijing@swissotel.com

The Peninsula Beijing

 Lage: circa 30 km vom Flughafen entfernt, in unmittelbarer Nähe der Verbotenen Stadt und des Platzes des Himmlischen Friedens

Arbeitsmöglichkeiten: Konferenzräume, Internetzugang, Businesscenter

Hotel: drei Restaurants, Lounge, Dachgarten, Sauna, Swimmingpool, Dampfbad, Massage, Fitnesscenter, Beauty-Salon

Kosten: ab 140 €

Adresse:
8 Goldfish Lane, Wangfujing
Dongcheng District, Beijing

Die Hauptstadt Peking

Tel: +86 10 8516 2888
Fax: +86 10 6510 6311
E-Mail: pbj@peninsula.com

Grand Hyatt Beijing

Lage: circa 30 km vom Flughafen, nur wenige Gehminuten von vielen Sehenswürdigkeiten, wie z.B. der Verbotenen Stadt entfernt

Arbeitsmöglichkeiten: Konferenzräume, Internetzugang, Businesscenter

Hotel: mehrere Restaurants, Lounge, Fitnessclub, Swimmingpool

Kosten: ab 134 €

Adresse:
1 East Chang An Avenue
Dongcheng District, Beijing
Tel: 86 10 8518 1234
Fax: +86 10 8518 0000
E-Mail: reservation.beigh@hyattintl.com

St. Regis Hotel Beijing

Lage: circa 25 km vom Flughafen entfernt, im Zentrum des Diplomaten- und Geschäftsviertels Jian Guo Men Wai. Der Platz des Himmlischen Friedens, die verbotene Stadt oder der Seidenmarkt sind in der Nähe.

Arbeitsmöglichkeiten: Konferenzräume, Internetzugang, Businesscenter

Hotel: großer Spa-Bereich, Schwimmhalle, Fitnesscenter, Yoga- und Aerobic-Studio, Jacuzzi, Sauna und Dampfbad

Kosten: ab 148 €

Adresse:
21 Jianguomenwai Avenue
Chaoyang District, Beijing
Tel: +86 10 6460 6688
Fax: +86 10 6460 3299

China World Hotel

Lage: circa 25 km vom Flughafen entfernt. Direkt am China World Trade Center, im Business und Geschäftsviertel von Beijing

Arbeitsmöglichkeiten: Internetzugang, Businesscenter, Tagungs- und Konferenzräume
Hotel: sechs Restaurants, Bars, Fitnesscenter, Hallentennis
Kosten: ab 130 €
Adresse:
1 Jianguomenwai Avenue
Chaoyang District, Beijing
Tel: +86 10 6505 2266
Fax: +86 10 6505 0828

Kerry Centre Beijing

Lage: 25 km vom Flughafen entfernt im zentralen Businessviertel. Botschaften, multinationale Unternehmen, Restaurants und Einkaufszentren sind in der Nähe. Nicht weit vom Platz des Himmlischen Friedens, der Verbotenen Stadt und dem Seidenmarkt
Arbeitsmöglichkeiten: Konferenzräume, Internetzugang, Businesscenter
Hotel: Lobbylounge, mehrere Restaurants, in denen authentische kantonesische Küche, regionale Spezialitäten, internationale und asiatische Gerichte sowie Tagesbuffets serviert werden
Kosten: ab 150 €
Adresse:
1 Guanghua Road
Chaoyang District, Beijing
Tel: +86 10 6561 8833
Fax: +86 10 6561 2626

Jianguo Hotel

Lage: circa 25 km vom Flughafen entfernt liegt das Hotel mitten im Geschäfts- und Verwaltungsdistrikt, in der Nähe von Regierungsgebäuden, Handelszentren und historischen Sehenswürdigkeiten
Arbeitsmöglichkeiten: Konferenzräume, Internetzugang, Businesscenter
Hotel: französisches Restaurant, kantonesisches Restaurant, Biergarten, Café und eine amerikanische Bar
Kosten: ab 90 €
Adresse:
5 Jian Guo Men Wai Avenue
Chaoyang District, Beijing

Die Hauptstadt Peking

Tel: +86 10 6500 2233
Fax: +86 10 6500 2287
E-Mail: sales@hoteljianguo.com

ZhaoLong Hotel

 Lage: circa 22 km von Flughafen entfernt, nahe der Beijing Ökonomie- und Technologie-Entwicklungs-zone und der Beijing Curio City, einem der größten Raritäten- und Kunstmärkte in Asien

Arbeitsmöglichkeiten: Konferenzräume, Internetzugang, Kopierer

Hotel: japanische, westliche und chinesische Restaurants, Bar

Kosten: ab 90 €

Adresse:
No. 2 Gongti Beilu
Chaoyang District, Beijing
Tel: +86 10 6500 2299
Fax: +86 10 6500 3319

6.4 Restaurants

Peking

 Peking ist seit Jahrhunderten nicht nur die politische, wirtschaftliche und kulturelle Hauptstadt des Reichs der Mitte, sondern auch die kulinarische. Seit jeher kamen aus allen Regionen des Landes die Meisterköche, um den Kaisern ihre Künste vorführen zu dürfen und die mächtigen Beamtenfamilien mit den Gerichten aus ihren Heimatprovinzen zu bekochen. **So ist Peking bis heute ein Schmelztiegel aller kulinarischen Eigenarten und Besonderheiten des Riesenreiches.** In keiner anderen Stadt der Welt ist das Essen vielfältiger als in Peking, wo Dutzende Regionaltraditionen ihre eigenen kulinarischen Botschaften verbreiten.

Die Küche der Kaiserstadt ist durch verschiedene Einflüsse vielfältig und durch das kalte, trockene Klima reichhaltig und sehr geschmackvoll. Sie ist eine Mischung von Zubereitungsweisen aus der Han-, Mandschu-, Mongolen- und Hui-Küche.

Typische Spezialitäten

- Peking-Ente – geröstete Ente, die mit Pflaumensoße in kleine Pfannkuchen eingewickelt wird.
- Zha Jiang Mian – handgemachte Nudeln mit Soße und Gemüse als volkstümliches Essen im alten Peking ebenso wie heute.
- Quan Yang Xi – Das ganze Lamm wird verwendet und in 112 verschiedenen Gerichten zubereitet und serviert.

Chinesisch

Li Jiacai

Kaiser-Restaurant
No. 11 Yangfang Hutong, Denei Dajie
Tel: +86 10 6618 0107

Red Capital Club

No 66 Dongsijiutiao
Dongcheng District
Tel: +86 10 6402 7150

The Source

No 14 Banchang Hutong
Nanluoguxiang, Kuanjie
Dongcheng District
Tel: +86 10 6400 3736

Xihe Yaju

Nordost Ecke von Ritan Park
Tel: +86 10 8561 1915/8561 7643

Peking Ente

Quang Ju de
No. 14 Qianmen West
Tel: +86 10 6304 8987

Westlich und Fusion

Alameda

Südamerikanisch
Sanlitun Houjie
Chaoyang District
Tel: +86 10 6417 8084

Die Hauptstadt Peking

The Courtyard

No. 95 Donghuamen Dajie
Dongcheng District
Tel: +86 10 6526 8883

Green T House

No. 6 Gongti Xilu
Chaoyang District
Tel: +86 10 6552 8310

Green T House Living

No. 318 Hegezhuang cun
Chaoyang District
Tel: +86 10 1360 1137 132
www.green-t-house.com

Mare

Spanisch
No 14 Xindong Lu
Chaoyang District
Tel: +86 10 6417 1459

Assaggi

Italienisch
No 1 Sanlitun Beixiaojie
Chaoyang District
Tel: +86 10 8454 4508

Pink Loft

Thai
No 6 Nansanlitun Lu
Chaoyang District
Tel: +86 10 6506 8811

Hatsune

Japanisch
2/F Heqiao Bld C, 8A Guanghua Lu
Chaoyang District
Tel: +86 10 6581 3939

Pure Lotus

Vegetarisch
1) Holiday Inn Lido Jiangtai Lu
Chaoyang District
Tel: +86 10 8703 6668
2) No. 10 Nongzhanguan Nanlu
(innerhalb Zhongguo Wenlianyuan)
Chaoyang District
Tel: +86 10 6592 3627

Deutsch

Paulaner Brauhaus

im Lufthansa Center
Liangmaqiao Lu 50
Tel: +86 10 6465 3388 ext. 5732

Schindlers Anlegestelle

No 10 Sanlitun Beixiaojie
Chaoyang District
Tel: +86 10 6463 1108

6.5 Einkaufsmöglichkeiten

 In Peking kann man alles kaufen, vom Mao-Kitsch-Wecker als Souvenir über DVDs, Fake-Produkte, Teesets, Schnickschnack aus chinesischer Seide, Fächer, chinesische Schachspiele, mehr oder weniger echte Antiquitäten bis hin zu westlichen und chinesischen Edelmarken.

Auf Straßenmärkten werden fast ausschließlich Fälschungen verkauft. Es gibt diverse Märkte, wo an kleinen Ständen Kleidung oder Technik niedriger Qualität verkauft wird. Dementsprechend kann aber auch der Preis gewaltig heruntergehandelt werden. **Höherwertige Originalprodukte gibt es nur in den großen Shoppingmalls in den schillernden modernen Einkaufsstraßen** wie der Wangfujing (hier wird in der Regel nicht gehandelt). DVDs können auf der Straße für 5 Yuan oder in DVD-Läden (für 10 Yuan und in oftmals besserer Qualität) gekauft werden, Deutsch als Sprache ist meist nicht vorhanden, Originalfilme sind so gut wie nicht erhältlich. Beim Einkaufen bei Händlern lohnt es sich, auf das erste Angebot des Händlers mit einem eigenen Angebot, das bei 10 bis 20 Prozent liegt, in die Verhandlung einzusteigen. **Man sollte grundsätzlich ruhig bei mehreren Händlern verhandeln, da ohnehin viele die gleichen Produkte anbieten.** Fast alle entwerfen im Laufe der Verhandlungen die wildesten Horrorszenarien von dem, was ihnen angeblich vom Chef blüht, wenn sie die Ware zu billig verkaufen. Eine gut eingeübte Show, die man getrost ignorieren kann. Eine gute Methode ist es, sich zum Ende der Verhandlung mit dem Vorwand zu entfernen, es sei zu teuer. Meist ruft der Händler einem dann einen niedrigeren Preis hinterher. **Nie verkehrt ist es, darauf zu achten, was die chinesischen Kunden für die Produkte bezahlen.** Wenn man ein wenig Chinesisch spricht, sind die Preise meist von vornherein niedriger.

Die Wangfujing-Straße

Nordöstlich der Changan-Straße
Shoppingmalls mit den bekannten westlichen und chinesischen Markenprodukten
Zum Beispiel:

- Oriental Plaza: größtes innerstädtisches Einkaufszentrum
- Sun Dong An Plaza: Moderner Konsumtempel mit sieben Etagen und Altpekinger Sortiment

Freundschaftsladen

Einst das einzige Kaufhaus für Importgüter und nur für Ausländer. Teuer, aber kein Ramsch: Kunsthandwerk, chinesische Arznei, einheimische Schnäpse, Stoffe, Chinateppiche, englische Chinaliteratur und vieles mehr.
No. 17 Jianguomenwai Dajie
Tel: +86 10 6500 3311

33 Shoppingcenter

modernes Kaufhaus, bekannte Marken, Kleidung, Kosmetik, Schuhe und Schneider
No. 33 Sanlitunlu
Chaoyang District
Tel: +86 10 6417 8886

Glasses City

Brillen und Kontaktlinsen
Panjiayuan, Dongsanhuan
östlich vom Panjiayuanqiao
Tel: +86 10 8773 0848

Antikes, Kunst und Kunsthandwerk

Beijing Curio City

größtes Handelszentrum Chinas für Antiquitäten und volks-
kunsthandwerkliche Produkte wie Porzellan, Kalligrafien, aus-
ländische Gemälde, Jadeartikel, Knochenschnitzereien,
Schmuck und alte Uhren. Regelmäßige Kunstausstellungen,
Ausstellungen und Versteigerungen
No. 21 Dongsanhuan Nanlu
Tel: +86 10 6774-7711, 6773 6018

Panjiayuan Markt

Wochenendflohmarkt zum Stöbern. Rund 3.000 Stände (inklu-
sive Läden in festen Bauten), die neben echt Antikem und
Antiquarischem jede Menge Fälschungen und Repliken anbie-
ten, dazu neues Porzellan und typischen Flohmarkttrödel
Northwest Panjiayuan Brigde Dongsanhuan
Tel: +86 10 6775 2405

Liulichang

Kunst- und Antiquitätengasse seit Kaisers Zeiten. Renommier-
te, teure Läden für Gemälde, Kalligrafie, Jade, Porzellan,
Cloisonné, Schnitzereien etc. sowie Stände von Privathänd-
lern. Der Laden Jigu Ge mit Teestube im Obergeschoss bietet
eine große Auswahl an Repliken von Kunst der chinesischen
Dynastien, wie lebensgroße Terrakottakrieger, tangzeitliche
Grabwächter und Hofdamen, aber auch altes Porzellan sowie
neues Kunsthandwerk. Rongbao Zhai: Die „Kammer ruhmrei-
cher Schätze" war lange Zeit Pekings bedeutendste Kunst-
handlung. Heute bietet der Laden Gegenwartskunst, vorwie-
gend Tuschbilder im klassischen Stil und Ölgemälde sowie
selbst hergestellte Farbholzschnitte.

Die Hauptstadt Peking

798 Space

Zentrale Avantgarde-Galerie im sehenswerten Dashanzi-Kunstdistrikt mit weiteren Galerien in umgenutzten Fabrikhallen.
No. 4 Jiuxianqiao Rd, Dashanzi Art District
Tel: +86 10 6438 4862

Porzellan

Longquan Celadon

Wunderschönes neues Seladon im Song-Stil, teils auch in modernen Formen
No. 28 Dong Liulichang

Jingdezhen Porcelain Town

Porzellan aus Jingdezhen (Chinas Meißen)
No. 277 Wangfujing

Märkte

Hongqiao-Markt

Vor allem als Perlenmarkt sind die beiden Obergeschosse bekannt. In den anderen Etagen gibt es Uhren, Kleidung, Handtaschen, Koffer, Technik, Schuhe und Kinderspielzeug.
No. 36 Tiantan Donglu (nördlich gegenüber vom Osttor des Tiantan-Parks)
Tel: +86 10 6711 8984

Seidenmarkt/Xuishui Markt

Ehemaliger berühmter Straßenmarkt, der vor einiger Zeit nach innen verlegt wurde.
Kleidung, Schuhe, Souvenirs, Taschen und Kunsthandwerk bis zu Perlen und Schmuck.
No. 8 Xiushui Dongjie
Tel: +86 10 5169 8800

Yashow-Markt

Kleiderkaufhaus im Botschaftsviertel Sanlitun
Schneider, Krawatten, Stoffe, Koffer, Taschen und Gürtel, Souvenirs, Sofakissen, Technik und Sportartikel, Kunsthandwerk sowie Fußmassage und Pediküre.

Gongrentiyuchang Beilu 58 (an der Fußgängerbrücke)
Tel: +86 10 6415 1726

Musik und DVDs

DVDs von westlichen und chinesischen Filmen sowie CDs kann man überall in den zahlreichen DVD-Läden oder bei Straßenhändlern kaufen.

Musikinstrumente

Shengdongtang Baihuo

No. 223 Wangfujing, im 1. Obergeschoss.

Jade

Fabrikladen der Beijing Jadeware Factory

Guangming Lu No. 13 (im Hinterhaus: von Osten kommend letzte Nebenstraße vor der Eisenbahnbrücke, dann rechts)

Möbel

Zhaojia-Markt

große Auswahl an antiquarisch-traditionellem Mobiliar
Dongsanhuan Nanlu, nördlich der Panjiayuan-Kreuzung.

Bücher

Wangfujing Foreign Language Bookstore

No. 235 Wangfujing Dajie
Dongcheng District
Tel: +86 10 6512 6903

Bookworm

Bldg 4 Nansanlitun Lu
Chaoyang District
Tel: +86 10 6586 9507
www.beijingbookworm.com

6.6   Ausgehtipps

 Pekings Nachtleben hat seit den frühen 1990er Jahren kräftig angezogen. Clubs, Bars, Cafés, Kneipen und Karaokebars sprießen wie der in China sprichwörtliche Bambus nach dem Frühlingsregen. Daneben bietet die Stadt Pekingoper, Akrobatik und Teehaus-Varieté zur Abendunterhaltung. **Die englischsprachigen Veranstaltungsmagazine »City Weekend« und »That's Beijing« liegen gratis in vielen Kneipen und Hotels aus.**

Grundsätzlich findet man die meisten Bars und Clubs in der romantischen Umgebung des Houhai-Sees, in der Weststraße des Workerstadiums, in der Nanluoguxiang in der Nähe des Trommelturms und vor allem im bekannten Botschaftsviertel Sanlitun.

Bars und Clubs

Bar Blu

4/F Sanlitun Lu, Tongli Studio
Sanlitun Houjie
Chaoyang District
Tel: +86 10 6417 4124

The Pavillion

Restaurant und Bar
Gongti Xi lu (gegenüber vom Westtor des Workerstadiums)
Chaoyang District
Tel: +86 10 6507 2617

Alfa

6 Xingfu Yicun
(gegenüber vom Nordtor des Workerstadions)
Chaoyang District
Tel: +86 10 6413 0086

Aria

2 F China World Hotel, No 1 Jianguomenwai Dajie
Chaoyang District
Tel: +86 10 6505 2266 ext. 38

The Bank Lounge and Club

Gongti Donglu (gegenüber von Tor 9 des Workerstadions)
Chaoyang District
Tel: +86 10 6553 1998

Bed

12 Zhangwang Hutong
Xicheng District
Tel: +86 10 6400 1554

Capital Club

Nan Sanlitun Lu
Chaoyang District
Tel: +86 10 8595 2751

Centro

Kerry Center Hotel,
No. 1 Guanghua Lu
Chaoyang District
Tel: +86 10 6561 8833

East Shore Live Jazz Cafe

2/F No. 2 Qianhai Nanyanlu
Xicheng District
Tel: +86 10 8403 2131

Jazz Ya

No. 18 Sanlitun Beilu
Chaoyang District
Tel: +86 10 6415 1227

Stone Boat Bar

Innerhalb des Ritan Parks (südwestliche Ecke)
Chaoyang District
Tel: +86 10 6501 9986

Q-Bar

Top Floor des Eastern Inn Hotels
Nana Sanlitun Lu
Chaoyang District

Tel: +86 10 6595 9239

Lotus Blue Bar

No. 51-6 Dianmen Dajie
Qianhai Xiyan
Xicheng District
Tel: +86 10 6617 2599

No Name Bar

No. 3 Qianhai Dongyan
Xicheng District
Tel: +86 10 6401 8541

Palace View Bar

10. Stock des Grand Hotel
35 Dong Chang'an Jie
Dongcheng Dirstrict
Tel: +86 10 6513 7788 ext. 349

i ultra Lounge

Block 8 Apt 8 Complex
Chaoyang Gongyuan Xilu
Chaoyang District
Tel: +86 10 6508 8585

The World of Suzie Wong Club

No. 1A Nongzhanguan Lu
(am Westtor des Chaoyang Parks)
Chaoyang District
Tel: +86 10 6500 3377

Livemusik

CD Jazz Club

Dongsanhuan Beilu
(Ostseite, direkt an der Fußgängerbrücke bei der Sanlitundong 3 Jie)
Tel: +86 10 6506 8288
Livemusik meist Mi–So (nicht regelmäßig)

Sanwei Bookstore

No. 60 Fuxingmennei Dajie
Tel: +86 10 6601 3204
samstags chinesische klassische Musik
freitags (nicht regelmäßig) Jazz
Reservierung empfohlen
Ab 20.30 Uhr, Eintritt 30 Yuan

What Bar

No. 72 Beichang Jie (beim Westtor des Kaiserpalastes)
Xicheng District
Tel: +86 10 1334 1122 757
fast täglich lokale Bands

Tomo Club

No 8 Xingba Lu, Nuren Jie
Chaoyang District
Tel: +86 10 6466 9481
tägl. Mongolen-Pop

Opern, Konzerte und Musicals

Pekingoper

Chang'an Theater

Jianguomennei Dajie 7
Chaoyang District
Tel: +86 10 6510 1309
meist nur am Wochenende ab 19.30 Uhr
Eintrittspreise ab 100 Yuan

Hu-Guang-Gildenhaus

No 3 Hufangqiao
Tel: +86 10 6351 8284 (Reservierung erforderlich)
Beginn 19.30 Uhr
Eintrittspreise ab 100 Yuan

Liyuan Theatre

»Birnengarten-Theater«
im Qianmen-Hotel, Yong'an Lu 175
Tel: +86 10 6301 6688, 8860

Die Hauptstadt Peking

Beginn 19.30 Uhr
Eintrittspreise ab 100 Yuan

Akrobatik

Chaoyang-Theater

Dongsanhuan Beilu 36
Tel: +86 10 6507 2421
Beginn 19.15 Uhr
Eintritt ab 180 Yuan

Theater und Kleinkunst

Lao She Teahouse

Qianmenxi Dajie 3, Dawancha Commercial Building
Tel: +86 10 6302 1717
tgl. 19.50 Uhr
Eintritt 60 bis 180 Yuan

Tianqiao Paradise Teahouse

Tianqiao Shichang 113 (im Hinterhaus)
Tel: +86 10 6304 0617
Beginn 19.30 Uhr
Eintritt 150 Yuan

7. Die Metropole Shanghai

7.1 Kurze Stadtgeschichte

Das Paris Chinas, Perle des Orients, Hure des Ostens, unter diesen und anderen blumigen Namen wurde die Hafenstadt Shanghai im Westen bekannt. Shanghai galt lange als Stadt der Glücksritter, zwielichtiger Abenteurer, Tycoons, Zocker, Drogendealer, Gauner und Banden. Ein Ort, in dem Geld, das schnelle Glück, Dekadenz und Tanzgelage mehr interessierten als Tradition.

Schon vor 7.000 Jahren gab es in der Gegend um Shanghai erste Siedlungen. Erstmals wurde die Stadt im 10. Jahrhundert in Aufzeichnungen erwähnt. 1074 erhielt es ein eigenes Steuerbüro und wurde 200 Jahre später mit drei anderen Dörfern zusammengelegt. Schon zu dieser Zeit, **also im 13. Jahrhundert, gehörte zu Shanghai ein Handelshafen. Von dort aus wurde vor allem Baumwolle aus der Region nach Peking und Japan verschifft.** Der Hafen wurde immer wichtiger. Im 16. Jahrhundert bekam Shanghai eine Stadtmauer gegen Einfälle von Piraten. Obwohl einige Berichte von Shanghai bis zum ersten Opiumkrieg 1842 als einem kleinen Fischerdorf sprechen, hatte es ab Mitte des 17. Jahrhunderts bereits über 200.000 Einwohner und nichts mit der Idylle eines Fischerdorfes gemein.

Zur Metropole entwickelte sich die Hafenstadt – auch durch seine günstige Lage – tatsächlich nach den Opiumkriegen Mitte des 19. Jahrhunderts. Der Hafen wurde für den Außenhandel geöffnet, wenn auch nicht freiwillig, sondern von den Briten erzwungen. Die westlichen Kolonialmächte handelten mit Seide, Tee und Opium. **Europäischer Einfluss veränderte die Stadt. Shanghai wurde zum Inbegriff für Sünde und Korruption mit seinen Opiumhöhlen, Spielhöllen und Bordellen. Aber auch zum größten Hafen Chinas und zum wichtigsten Finanzplatz Asiens.** Es entstanden Bezirke, in denen die Ausländer von der chinesischen Welt und auch von den chinesischen Gesetzen unbehelligt unter sich lebten. Durch die wirtschaftliche Machtstellung wurde die Metropole zum Zentrum von politischen Unruhen und Neuerungen. In Shanghai begannen die 4.-Mai-Bewegung 1919, die 30.-Mai-Bewegung 1925 und viele andere Modernisierungsbewegungen in den 1920er und 1930er Jahren. In der französischen Konzession wurde die Kommunistische Partei Chinas 1921 gegründet, unter anderem von Mao Zedong. 1937 besetzten japanische Truppen die Stadt, die 1945 wieder in chinesische Hände gelangte. Shanghai war Zentrum des Bürgerkriegs zwischen Kommunisten und Nationalisten. Aber erst nach der Gründung der Volksrepublik 1949 und der Verstaatlichung aller Betriebe verschwanden nicht nur der westliche Einfluss mitsamt den Opiumhöhlen komplett, sondern auch Shanghais herausragende Stellung als Wirtschaftsmetropole, vor allem während der Kulturrevolution und der Isolation Chinas in den 1970er Jahren.

Diese Stellung erhielt **Shanghai, „die Stadt, die ins Meer geht"**, erst mit der Reform- und Öffnungspolitik Deng Xiaopings wieder zurück. **Vor allem in den letzten 20 Jahren wurde die „Perle des Orients" immer weiter als Wirtschaftszentrum Chinas ausgebaut.**

7.2 Sehenswürdigkeiten

Französisches Viertel

Nach dem Vertrag von Nanjing, in dem Shanghai Vertragshafen wurde, ließen sich zunächst Briten und ab 1847 vor allem Franzosen im Südwesten der Stadt in der Gegend einer Kathedrale, die ein französischer Missionar 200 Jahre zuvor gegründet hatte, nieder und errichteten die französische Konzession. Das Französische Viertel erstreckte sich von der Jinling Donglu im Osten zum Jingan-Tempel im Westen mit der Huaihai Lu als Hauptverkehrsader. Mit architektonischen Überbleibseln wie Villen und kleinen Kolonialstilhäusern **vermittelt das Viertel vor allem in der Fuxing Lu heute ein romantisch verklärtes Flair der Kolonialzeit.** Hier ist auch der Gründungsplatz der Kommunistischen Partei. Nicht weit von diesen alten europäischen Häusern, den kleinen Boutiquen und Restaurants, stehen in der Huaihuai Lu moderne, vor allem japanische Shoppingcenter, die so das moderne China mit dem alten China und europäischem Einfluss verbinden.

Der Bund

Bund bedeutet im Anglo-indischen Kaimauer, Uferbefestigung. Am Ufer des Huangpu-Flusses entstanden die ersten europäischen Bauten in Shanghai und hier lag auch das Zentrum des „European Settlement" der Stadt. **Für die Europäer war der Bund damals Chinas Wallstreet. Heute ist der Bund das Wahrzeichen Shanghais. Und ein Monument des westlichen Kolonialismus des frühen 20. Jahrhunderts.** Die schönsten noch erhaltenen Gebäude, die alle zwischen 1890 und 1920 entstanden, sind das Seezollamt mit seinem Glockenturm, das britische Konsulat und der Seemannsclub. Von all den ehemaligen Banken, Handelshäusern und Hotels sind es vor allem das Peace Hotel und die HSBC Bank (heute die Pudong Development Bank) wert, auch einen Blick ins Innere zu werfen. **Der Blick vom Bund aus in Richtung Pudong ist einmalig – ein Panorama, das als Sinnbild für Shanghai als wirtschaftliche Metropole steht.**

Lujiazui

Lujiazui am östlichen Ufer des Huangpu-Flusses ist als Pudong bekannt und gilt als das Manhattan Chinas. Im Gegensatz zum alten Shanghai (Puxi am anderen Ufer) ist Pudong mit seinen Wolkenkratzern in den letzten 15 Jahren auf ehemaligem Ackerland entstanden. Besonders der 468 Meter hohe Oriental Pearl Tower und der 420 Meter hohe Jin Mao Tower sind sehenswert. Von ihnen aus hat man bei gutem Wetter einen einmaligen Ausblick auf die beiden unterschiedlichen Teile Shanghais und bekommt einen Eindruck von der Entwicklung der kleinen Hafenstadt zur Metropole. Im Pearl Tower befindet sich außerdem ein 360-Grad-Restaurant und im Jin Mao Tower ist das Grand Hyatt Hotel als höchstes Hotel der Welt untergebracht.

Residenz von Sun Yatsen

Sun Yatsen, auch Sun Zhongshan genannt, gilt als Gründer der Republik China. Im Ausland ausgebildet, organisierte er jahrelang Aufstände und gründete die nationalistische Partei Guomindang, die nach dem Ende des Kaiserreiches offizielle Regierungspartei war. Obwohl er während des Sturzes der Qing-Dynastie gerade im

Die Metropole Shanghai

Ausland war und die meisten Aufstände scheiterten, wird er sowohl in der Volksrepublik als auch in Taiwan als erster Präsident und Vater der Republik unumstritten anerkannt. In der Shanghaier Residenz in der 7 Xiangshan Lu lebte Sun Yatsen von 1920 bis 1925 und koordinierte seine Aktivitäten. Nach seinem Tod 1925 in Peking lebte seine Frau in der Shanghaier Residenz bis 1937.

Nanjing Lu

Der östliche Teil der Nanjing Lu ist die bekannteste Einkaufsstraße Shanghais. Und sie hat als Gesamtbild ein besonderes Flair. Nicht nur, weil sie direkt zum Shanghaier Bund führt, sondern vor allem weil sie die erste Einkaufsstraße der Stadt war, in der im frühen 20. Jahrhundert fast ausschließlich Importprodukte verkauft wurden. Zwar hat sie mittlerweile Konkurrenz durch zahlreiche andere Einkaufsmeilen bekommen, sie ist dennoch immer überfüllt. Besonders interessant sind die vier Kaufhäuser im Stil des 19. Jahrhunderts: das **Kaufhaus Shanghai No. 1** (früher Daxin), **das Einkaufzentrum Huanlian** (früher Yongan), **die Shanghai Fashion Company** (früher Xianshi) und **der Lebensmittelladen No. 1** (früher Xinxin). Vor 1949 gab es dort und in der Fuzhou-Straße viele Teehäuser, die gleichzeitig die exklusivsten Bordelle der Stadt waren. Während der Shanghaier Kolonialzeit galt die Nanjing Lu als Mischung aus Broadway und Oxford Street. Und selbst nach 1949 blieb sie ein Mittelpunkt des Theaters und Kinos sowie eine der beliebtesten Einkaufsstraßen der Welt.

Altstadt

Die Altstadt, die früher Chinesenstadt genannt wurde, liegt am südlichen Ende der Henan Lu. Dort sieht man zweistöckige Holzhäuser in winzigen Gassen, an jeder Ecke kleine Restaurants und Läden – es herrscht reges Treiben, vor allem in der Nähe des Yuyuan-Markts. Allerdings sind Teile des Viertels bereits abgerissen worden. In der Nähe des Yuyuan-Marktes liegt mit dem Yu-Garten einer der berühmtesten Gärten Chinas aus der Ming-Zeit.

Shanghai Museum

 Im Shanghai Museum werden über 120.000 Objekte aus der chinesischen Kunst und Kultur ausgestellt. Es finden zusätzlich in regelmäßigen Abständen Sonderaustellungen zu bestimmten Epochen und Strömungen der chinesischen Kunst und Kultur statt.

Shanghai Museum

No. 201 Renmin Dadao

+86 21 6372 3500

Shanghai Urban Planning Centre

 Nicht weit vom Shanghai Museum mit seiner Sammlung traditioneller chinesischer Kunst und Kulturzeugnisse können Sie sich als reizvollen Kontrast dazu im Stadtplanungszentrum ansehen, wie das Stadtbild Shanghais für die Zukunft geplant ist.

Shanghai Urban Planning Centre

100 Renmin Da Dao, Xizang Lu

+86 21 6318 4477

7.3 Geschäftshotels

 ### St. Regis Hotel Shanghai

Lage: circa 21 km vom Flughafen, mitten im Finanz- und Geschäftsviertel Pudong, nur wenige Minuten von Verwaltungsbüros und Kongresszentren entfernt

Arbeitsmöglichkeiten: Fax-/Modemanschluss, Schreibtisch, Highspeed-Internet, W-LAN im Zimmer. 13 Veranstaltungsräume mit neuester Technologie und Platz für 400 Gäste

Hotel: verschiedene Restaurants: italienische Spezialitäten, internationales Buffet, Gerichte à la carte und südchinesische Gerichte; Lounge und Bar.

Fitnessraum, Swimmingpool, Sauna, Wellnessbereich und Tennisplatz

Kosten: ab 150 €

Adresse:

No. 889 Dong Fang Road

Pudong District, Shanghai

Tel: +86 21 5050 4567

Fax: +86 21 6875 6789

E-Mail: stregis.shanghai@stregis.com

Die Metropole Shanghai

Four Seasons Hotel Shanghai

 Lage: circa 14 km vom Flughafen. Im Stadtzentrum gelegen, ist es nur wenige Minuten von Einkaufsmöglichkeiten, Unterhaltungsangeboten und den Businessvierteln an Nanjing Road und Huaihai Road entfernt.

Arbeitsmöglichkeiten: Internetzugang und Modemanschluss im Zimmer

Hotel: Mehrere Restaurants mit großer Auswahl an Gerichten der westlichen, italienischen, chinesischen und japanischen Küche.

Kosten: ab 280 €

Adresse:
No. 500 Weihai Road
Puxi District, Shanghai
Tel: +86 21 6256 8888

Grand Hyatt Shanghai

 Lage: Als höchstes Hotel der Welt belegt das Grand Hyatt die Etagen 53 bis 87 des bekannten Jin Mao Towers im Finanz- und Geschäftsviertel Pudong. Pudong Airport und Hongqiao Airport liegen jeweils 40 bzw. 25 km entfernt. Die Börse Shanghai Stock Exchange, das Shanghai World Financial Center sowie das International Conference Center befinden sich in unmittelbarer Nähe.

Arbeitsmöglichkeiten: Mehr als 3.000 qm Veranstaltungsfläche: Auditorium für bis zu 400 Personen, zwei Ballsäle für insgesamt 2.000 Gäste, acht kleinere Tagungsräume, zwei Konferenzräume und ein Sitzungssaal. In den Konferenzräumlichkeiten sind High-Speed-Internet, AV- und Konferenztechnik sowie Simultandolmetschdienste verfügbar. Ein separates rund um die Uhr geöffnetes Communication Center bietet kabelloses High-Speed-Internet, Arbeitsbereiche und Sekretariatsdienstleistungen. Visitenkarten können nach Anforderungen gedruckt und gebracht werden. Alle Zimmer haben einen großzügigen Arbeitsbereich mit zusätzlicher Beleuchtung und High-Speed-Internetzugang und Fax-/Modemanschluss.

Hotel: acht Restaurants und Bars: kantonesische Spezialitäten, Buffet, Shanghaier Küche, asiatische Tapas, internationale Gerichte, asiatische Imbissstuben sowie zwei Bars.
Einmaliger Blick auf die Skyline Pudongs.

Club Oasis Fitnesscenter: Swimmingpool, Fitnessgeräte, Spa, Dampfbad, Sauna und Whirlpool
Kosten: ab 190 €
Adresse:
Jin Mao Tower
No 88 Century Boulevard
Pudong, Shanghai
Tel: +86 21 5049 1234
Fax: +86 21 5049 1111
E-Mail: info.ghshanghai@hyattintl.com

Radisson Plaza Xing Guo Shanghai

 Lage: circa 20 km vom Flughafen entfernt im Französischen Viertel, fünf Minuten vom Geschäftszentrum entfernt. Zahlreiche Restaurants, die wichtigsten diplomatischen Viertel sowie Einkaufs-, Unterhaltungs- und historische Gegenden befinden sich in der Nähe.
Arbeitsmöglichkeiten: Modemanschluss
Veranstaltungsräume verschiedener Größe mit moderner Ausstattung
Hotel: Vielfalt an kantonesischen Spezialitäten und Gerichten aus Shanghai
Garten sowie verschiedene Erholungseinrichtungen
Kosten: ab 90 €
Adresse:
No. 78 Xing Guo Road
Changning District, Shanghai
Tel: +86 21 6211 1235 (Reservation), +86 21 6212 9998 ext. 3133 (Rezeption)
Fax: +86 21 6212 9996
E-Mail: reservation@radisson-xingguo.com

Pudong Shangri-La Hotel Shanghai

 Lage: circa 20 km vom Flughafen entfernt am Huangpu-Fluss in Shanghais Handels- und Finanzviertel Lujiazui mit Ausblick auf das Flussufer, den Bund und den Oriental Pearl Fernsehturm
Arbeitsmöglichkeiten: Internetzugang und Modemanschluss
6.500 qm flexible Tagungsflächen innen und außen und damit der größte Veranstaltungsort für Bankette und Tagungen in Shanghai

Die Metropole Shanghai

Hotel: zahlreiche Restaurants und Bar
zwei Swimmingpools und zwei Fitnessstudios
Kosten: ab 180 €
Adresse:
No. 33 Fu Cheng Road
Pudong District, Shanghai
Tel: +86 21 6882 8888
Fax: +86 21 6882 6688

Oriental Riverside Hotel Shanghai

 Lage: circa 40 km vom Flughafen in Lujiazui Pudong, nicht weit vom Bund, Oriental Pearl Tower und dem Jin Mao Tower entfernt. Interessantes Viertel, das von allen Teilen der Stadt gut zu erreichen ist.
Arbeitsmöglichkeiten: Modemanschluss im Zimmer
Hotel: verschiedene Restaurants, abwechslungsreiche Gerichte
Fitnessraum, Hallenbad und Tennisplatz
Kosten: ab 80 €
Adresse:
No. 2727 Riverside Avenue
Pudong District, Shanghai
Tel: +86 21 5037 0000
Fax: +86 21 5037 0999

The Bund Riverside Hotel Shanghai

 Lage: circa 40 km vom Flughafen entfernt mitten in Shanghais Kommerz- und Finanzviertel. Der Bund, der Oriental Pearl Tower und die internationale Finanzzone Lujiazui befinden sich in der Nähe.
Arbeitsmöglichkeiten: Internetzugang
Die Tagungsräume sind mit neuesten audiovisuellen Geräten ausgestattet
Hotel: eine Spezialität ist Tepanyaki im französischen Stil. Ansonsten diverse Gerichte sowie eine Cafè-Bar
Sauna, Wellnessbereich und Körper- und Fußmassagen
Kosten: ab 50 €
Adresse:
No. 398 East Beijing Road
Huangpu District, Shanghai
Tel: +86 21 6352 2888
Fax: +86 21 6351 6200
E-Mail: xietong@xxt-hotel.com

Hongqiao State Guesthouse Shanghai

 Lage: circa 45 km vom Flughafen in der wirtschaftlichen Entwicklungszone der Stadt und nur wenige Minuten von den Messezentren Intex und Mart entfernt

Arbeitsmöglichkeiten: drahtloser Internetzugang
fünf Besprechungszimmer und zwei Ballsäle für Konferenzen und Zusammenkünfte
Hotel: von kantonesischer über japanische bis zu europäischer und französischer Küche
Fitnessraum, Ganzkörpermassage, Dampfbad
Kosten: ab 80 €
Adresse:
No. 1591 Hong Qiao Road
Changning District, Shanghai
Tel: +86 21 6219 8855

7.4   Restaurants

 Charakteristisch ist die Kochtechnik des Rotkochens: Aus Reiswein und dunkler Sojasauce wird ein Fond zubereitet, in dem Fisch, Fleisch oder Geflügel mehrere Stunden kochen. Typische Spezialitäten:

- „Betrunkene Shrimps" – Garnelen in Reiswein, die mehr oder weniger lebend gegessen werden
- Krabben mit Seegurken
- Ba Bao Fan – „Acht-Schätze-Reis": Klebreis mit Walnuss, Melone, Mandeln, Rosinen, Pflaume, Sesam, Weißdorngelee, Hagebutten

Shanghai and Sichuan food

Lao Nong Tang

No. 160 Xin Hua Lu
Tel: +86 21 6280 5885

Zun Cui Assembly Hall

No. 508 Pan Yu Lu
Tel: +86 21 6280 2696

Die Metropole Shanghai

Yuxin Sichuan Dish

No. 333 Chengdu North Lu
Tel: +86 21 5298 0438
oder
No. 399 Jiu Jiang Lu
Tel: +86 21 6361 1777

Food House

No.326 Fan Yu Lu
Tel: +86 21 6280 7780/6280 7779

Xiao Nan Guo

No.1398 Nanjing Xi Lu bei Tong Ren Lu
Tel: +86 21 6289 1717
oder
No. 214–216 Huanghe Lu
Tel: +86 21 6318 3921

Bao Luo

No. 271 Fu Min Lu bei Chang Le Lu
Tel: +86 21 5403 7239
oder
No. 1221 Yan'An Xi Lu bei Pan Yu Lu
Tel: +86 21 6213 2441

Westlich und Fusion

M on the Bund

Öffnungszeiten: Lunch Di.–Fr. 11.30–14.30 Uhr, Brunch Sa.–So.
11.30–15.00 Uhr, Tee So. 15.30–17.30 Uhr, Dinner täglich
18.00–22.30 Uhr
7/F, 20 Guangdong Lu bei Zhongshan Dong Yi Lu
Tel: +86 21 6350 9988

T8

Öffnungszeiten: 11.30–14.30 Uhr, 18.30–23.30 Uhr
No. 8 Xintiandi, Nördlicher Block, Lane 181, Taicang Lu
Tel: +86 21 6355 8999
Internationale Küche mit asiatischem Einschlag. 2003 als
eines der 50 besten Restaurant der Welt ausgezeichnet.

DA MARCO

Öffnungszeiten: 12.00–23.00 Uhr
No. 62 Yandang Lu
Tel: +86 21 6385 5998
Sehr gute italienische Küche

JEAN GEORGES

Öffnungszeiten:11.00–14.30 Uhr, 18.00–23.00 Uhr
4F, No. 3 Zhoangshan Dongyilu
Tel: +86 21 6321 7733
Die beste französische Küche der Stadt – 5.000 Weine im Keller.

PEOPLE

Öffnungszeiten: 11.30–14.00 Uhr, 18.00–0.30 Uhr
No. 805 Julu Lu
Tel: +86 21 5404 0707
Chinesisch-asiatisch-europäische Gerichte. Erstklassisches Innendesign, ruhige Atmosphäre. Reservation empfehlenswert – es wird ein Code benötigt, um hineinzugelangen.

New Hights

Öffnungszeiten: 11.30–15.30 Uhr, 18.00–23.30 Uhr
7/F, Three on the Bund, 3 Zhongshan Dong Yi Lu, by Guangdong Lu
Tel: +86 21 6321 0909

99

Öffnungszeiten: 11.30–22.00 Uhr
Lane 99 Pucheng Lu, inside Yanlord Garden Phase III
Tel: +86 21 6888 8852

Cloud Nine and Sky club

Öffnungszeiten: Mo.–Do. 18.00–01.00 Uhr, Fr. 18.00–02.00 Uhr, Sa. 11.00–02.00 Uhr, So. 11.00–01.00 Uhr
87F Grand Hyatt, Jin Mao Tower, No. 88 Shiji Dadao
Tel: +86 21 5049 1234

Deutsche Küche

Paulaner Brauhaus

Öffnungszeiten: 11.00–02.00 Uhr,

Die Metropole Shanghai

No. 2967 Lujiazui Lu
Tel: +86 21 6888 3935
oder
Öffnungszeiten: 11.00–02.00 Uhr,
No. 150 Fenyang Lu
Tel: +86 21 6474 5700
oder
Öffnungszeiten: 11.00–02.00 Uhr,
Adresse: No.19–20, North Block, Xintiandi, Lane 181 Taicang Lu
Tel: +86 21 6320 3935

Max und Moritz

Öffnungszeiten: 10.00–24.00 Uhr
No. 599 Pudong Dadao
Tel : +86 21 5877 3339

7.5 Einkaufsmöglichkeiten

Nanjing Lu

 Die erste Geschäftsstraße Shanghais verläuft vom Bund im Osten zum Jingan-Tempel im Westen. Die Fußgängerzone zwischen Bund und Volksplatz ist die Lieblingsshoppingmeile der Shanghaier.

Huaihai Lu

Vor allem der etwa 2 Kilometer lange Abschnitt der Huaihuai Lu zwischen Shaanxi Lu und Xizang Lu. Rund 400 stilvolle Geschäfte mit westlichen und chinesischen Marken zu teilweise verhandelbaren Preisen.

Xujiahui

Unterschiedliche, kleinere Geschäfte.

Shoppingmalls

Shanghai No. 1 Department Store

No. 830 Nanjing Dong Lu
bei der Xizang Nanlu
Tel: +86 21 6322 3344

Cloud Nine Plaza

No. 1018 Changning Lu
beim Zhongshan Park
Changning
Tel: +86 21 6115 5555

City Plaza

B1 City Plaza,
No. 1618 Nanjing Xi Lu
nahe der Wanhangdu Lu
Jing An
Tel: +86 21 3217 4838

Shanghai Times Sqare

No. 99 Huaihai Zhong Lu
bei der Pu'an Lu,
Tel: +86 21 6391 0691

Hongqiao Friendship Shopping Centre

No. 6 Zunyi Nan Lu
nahe der Xianxia Lu
Tel: +86 21 6270 0000

Märkte

Shanghai South Bund Fabric Market

No. 399 Lujiabang Lu
Schneider und Stoffe

Xiangyang Market

Xiangyang Lu, in der Nähe der Huaihuai Lu
Kleidungs- und Geschenkemarkt.

Dongtai Lu Market

in der Nähe der Liuhe Lu
Mehr oder weniger antike Souvenirs

Fuyou Lu Market

Fuyou Lu
bei der Fangbang Lu

Antiquitäten

Meiyuan Bird and Flower Market

No. 49 Fushan Lu
bei der Rushan Lu
Tel: +86 21 6876 6638

Bücher

Blue Fountain Import Books

Rm. 3F02B, Shanghai Legend,
No. 635 BiBo Lu, Pudong
(im Plaza neben der Zhangjiang Hi-Tech Park U-Bahn Station)
Tel: +86 21 3895 3835, 3895 8835, 3895 8805
Mo.–Fr. 9–20 Uhr

Chaterhouse

Shop 68, 6/F Super Brand Mall,
No. 168 Lujiazui Xi Lu, Pudong
bei der Fucheng Lu
Tel: +86 21 5049 0668

Shanghai Bookmall

6/F, No. 456 Fuzhou Lu
bei der Guangdong Lu
Tel: +86 21 6391 4848

7.6 Ausgehtipps

 Grundsätzlich findet man Bars und Restaurants aller Art vor allem in den Gegenden am Bund mit fantastischer Aussicht auf die Skyline Pudongs, in der Hengshanlu nahe dem ehemaligen Botschaftsviertel, in der Maominglu, in der ruhigeren Duodulu mit ihrem Kopfstein-pflaster und alten Gebäuden, im stilvollen Xintiandi, das die Atmospäre des alten Shanghai trotz Moderne ausstrahlt. Gemütliche Cafés gibt es in der Xujiahui, gemütliche Bars auf der Jululu, und einige Bars finden Sie im Fuxing Park.

Bars und Clubs

Glamour Bar

Öffnungszeiten: 17.30–02.00 Uhr
6F, Bund 5 bei Guangdong Lu
Tel: +86-21-6350 9988/6329 3751

Bar Rouge

Öffnungszeiten: So.–Do. 18.30–01.30 Uhr, Fr.–Sa. 18.00–04.00 Uhr
7F, Bund 18, Zhongshan Dong Yi Rd. 18 bei der Dianchi Rd.
Tel: +86 21 6339 1199

Barbarossa Lounge

Öffnungszeiten: 11.00–02.00 Uhr
No. 231 Nanjing Xi Rd, Peoples Park, hinter Starbucks/beim Shanghai Art Museum. Etwas versteckt, man muss durch das Tor neben dem Kathleen's gehen und dem Weg folgen.
Tel: +86 21 6318 0220

Velvet Lounge

Öffnungszeiten: So.–Do. 17-00–03.00 Uhr, Fr.–Sa. 17.00–05.00 Uhr
Bldg 3–4, 1F, 913 Julu Lu
Tel: +86 21 5403 2976

Luna

Öffnungszeiten: 11.30–02.00 Uhr
Unit 1, Lane 181, Xintiandi, Tai Cang Lu
Tel: +86 21 6336 1717

Sasha's

Öffnungszeiten: 11.00–02.00 Uhr
No. 11 Dong Ping Lu
Tel: +86 21 6474 6628

Face

Öffnungszeiten: 12.00–02.00 Uhr
Ruijin Guest House, 118 Ruijin Er Lu
Tel: +86 21 6466 4328

Die Metropole Shanghai

MINT

Öffnungszeiten: Mo.–Do. 18.00–02.00 Uhr, Fr.–Sa. 21.00–06.00 Uhr
2F, No. 333 Tongren Lu
Tel: +86 216247 9666

ZAPATA'S

Öffnungszeiten: ab 17.00 Uhr
No. 5 Hengshan Rd
Tel: +86 21 6474 6166

8. Das Wirtschaftszentrum Guangzhou

8.1 Kurze Stadtgeschichte

 Früher unter dem Namen Kanton im Westen bekannt ist Guangzhou die Hauptstadt der südchinesischen Provinz Guangdong nördlich des Perlflusses. Bei vielen Chinesen heißt die Stadt auch Suì oder yángchéng (Stadt der Ziegen), da das Wahrzeichen eine Statue mit fünf Ziegen ist. Denn es heißt, in der Zeit des Königs Yi von Zhou seien fünf Götter, die auf Ziegen ritten, in die Stadt gekommen. Sie trugen fünffarbige Seidengewänder und jeder eine Getreidegarbe mit fünf Ähren (in anderen Versionen der Legende heißt es, sie brachten Reis), die sie den Stadtbewohnern gaben und sagten, die Stadt würde immer von Hungersnöten verschont bleiben. Die Ziegen verwandelten sich in Steine, die Götter verschwanden wieder. Eine erste Siedlung entstand während der Qin-Dynastie (221–207 v. Chr.), die dort die Kommanderie Panyu gründete und 214 v. Chr. eine Stadtmauer errichtete. Die ersten Ausländer kamen schon im 2. Jahrhundert nach Guangzhou, der Außenhandel begann. Doch vor allem 500 Jahre später während der Tang-Dynastie wurde die Stadt zu einer der wichtigsten Hafenstädte. Arabische Händler ließen sich nieder. Der Handel mit dem Mittleren Osten und Südostasien florierte. Auch die britischen Händler entdeckten 1625 Guangzhou für sich. Offiziell öffnete die Regierung die Stadt für den Handel mit Ausländern erst 1685. Die Qing-Dynastie erließ 1757 eine Verfügung, nach der der gesamte Außenhandel auf Guangzhou beschränkt wurde. Die Rechte lagen bei der Co Hong, einer Kantoner Kaufmannsgilde, die darauf achtete, dass der Handel zu Chinas Gunsten florierte. Der lokale Handel, vor allem der Tee-Export, stieg durch die monopolistische Struktur stark an. Die westlichen Handelsgesellschaften wurden mit ihren Fabriken auf Shamian Island angesiedelt. Doch im 19. Jahrhundert nahm der Handel mit Opium immer mehr zu, die chinesische Staatskasse leerte sich, die englischen Importeure wurden reich. Nach dem Opiumkrieg und der folgenden Öffnung vier weiterer Häfen für den Handel verlor Kanton seine Monopolstellung.

Schon bald spielte stattdessen Shanghai die wichtigste Rolle im Außenhandel. Die Stadt geriet immer mehr unter die Kontrolle der Engländer und Franzosen – die Shamian-Insel durfte nur von Ausländern betreten werden.

Im 19. und 20. Jahrhundert wurde Guangzhou ein Zentrum von Revolten und Unruhen. Die Taiping-Rebellion begann dort, die neu organisierte nationalistische Guomindang Sun Yatsens hatte dort ihren Ursprung und ihr Zentrum nach dem Ende des Kaiserreiches 1911. Von Kanton aus begann der Nordfeldzug gegen die Warlords zur militärischen Einigung Chinas. Und Kanton war zeitweise ebenfalls Zentrum der Kommunistischen Partei. **Seit den 1920er Jahren wurde die Stadt modernisiert: Straßen, Kanäle, Schulen, Krankenhäuser, Fabriken und Parks entstanden in rasantem Tempo.**

Die Nähe zu Hongkong, die Außenhandelstradition und die Kontakte zum Westen haben die Stadt bis heute geprägt und einen positiven Einfluss auf die wirtschaftliche Entwicklung gehabt. Moderne Bauten, schicke Kantonesinnen, lautes geschäftiges Treiben bestimmen die Atmosphäre. **1983 bekam Guangzhou den Status einer geöffneten Küstenstadt, sodass sich seitdem wieder internationale Firmen niederlassen und die Stadt 24 Prozent der Exportproduktion hält.** In Guangzhou findet zweimal jährlich – im Frühjahr und im Herbst – Chinas größte Exportmesse, die Kantonmesse, statt.

8.2 Sehenswürdigkeiten

Der Guangxiao-Tempel

Diese Anlage in der Hongsh Beilu ist die älteste in Guangzhou. Zunächst als Wohnsitz genutzt hieß sie im 4. Jahrhundert Jinzhi Si (Verbotener Tempel), später Wanguan Chaotin (Tempel des Kaiserlichen Hofes) oder Xiyun Daogong (Tempel der Wolken aus dem Westen). Dieser Ort ist ein **wichtiger Ort für Buddhisten,** weil der berühmte Mönch Hui Neng sich hier im 7. Jahrhundert aufhielt. Außerdem soll die Figur des schlafenden Buddha im Tempel angeblich den Frauen Fruchtbarkeit geschenkt haben, die sie mit ihren Bettlaken berührten. Die eigentlichen Tempelgebäude wurden im 17. Jahrhundert niedergebrannt.

Öffnungszeiten: täglich 9.00 bis 18.30 Uhr

Der Yuexiu-Park

 Der größte Park Guangzhous ist der Yuexiu-Park mit 93 Hektar im Süden des Yuexiu Shan. Es gibt nicht nur die in Parks typischen Teiche, Pflanzen und Brücken, sondern auch eine Blumenhalle, einen Orchideengarten sowie Sportanlagen und ein Restaurant. In ihm stehen der Zhenhai-Turm („das die See überblickende Gebäude"), in dem heute das Historische Museum ist, die Sun-Yatsen-Gedenkhalle und die Skulptur der fünf Ziegenböcke, die 1959 erbaut wurde und ein Symbol der Stadt Guangzhou ist.

Die Huaishen-Moschee

 Die Huaishen-Moschee, auch **„Moschee zum Gedenken an die Weisen"** genannt, steht in der Guangta Lu. Sie soll die älteste Chinas sein. Die „Pagode des Lichts", das 36 Meter hohe Minarett," heißt bei den Stadtbewohnern „glatte oder nackte Pagode", weil sie eine glatte Oberfläche hat und früher als Leuchtturm für die Schiffe auf dem Perlfluss genutzt wurde. Der Überlieferung nach ließ sie der erste moslemische Missionar in China im Jahre 627 n. Chr. erbauen, eine Legende behauptet allerdings, die Anlage sei von einem Onkel Mohammeds errichtet worden.

Der Ahnentempel der Familie Chen

 Der Ahnentempel in der Zhongshan Qilu wurde in den letzten Jahren der Qing-Dynastie gebaut und 1894 fertiggestellt. Er ist heute für seine Holzschnitzereien, schmiedeeisernen Kunstwerke und glasierten Tonfiguren bekannt. Damals war es der Ort, wo Einwohner aus 72 Kreisen der Provinz Guangdong, die Chen hießen, ihren Ahnen opferten. Hier in den imposanten und prächtigen Bauwerken bereiteten sich junge Männer aus akademischen Familien auf die Prüfung für den Grad eines Juren (akademischer Titel während der Ming- und Qing-Zeit) vor.

Der Tempel der sechs Banyan-Bäume

 Der Tempel in der Chaoyang Beilu wurde im Jahre 537 in der Zeit der Südlichen Dynastien errichtet. **Früher wuchsen dort sechs Banyan-Bäume, die im Buddhismus als Bäume der Erleuchtung gelten.** Der bekannte Dichter Su Dongpo der Song-Zeit gab dem Tempel seinen Namen, da er von den Bäumen und der Atmosphäre so begeistert war, dass er ihnen eine Kalligrafie widmete. Die Bäume gibt es nicht mehr, doch im Tempel steht eine Blumenpagode, auch Pagode der tausend Buddhas genannt. Sie ist 57,6 m hoch und besteht außen aus 9 und innen aus 17 Stockwerken. Sie ist ein guter Aussichtspunkt auf die Stadt.

Öffnungszeiten: täglich 9.00 bis 18.30 Uhr

Shi-shi-Kathedrale

 Die **römisch-katholische Kathedrale** in der Yide Lu wurde 1888 in neugotischem Stil fertiggestellt. Die Franzosen beauftragten den Architekten Guillemin mit dem Bau. Vorher stand an dem Ort das Amt des Provinzgouverneurs, das im Opiumkrieg zerstört wurde.

Shamian-Insel

 Während der Ming-Zeit legten hier die ausländischen Handelsschiffe an, im 19. Jahrhundert wurde die Insel zum exterritorialen Gebiet, das nur Ausländer betreten durften und für das Chinesen eine Sondergenehmigung brauchten. Einige Villen der ausländischen Kolonialherren sind erhalten geblieben.

8.3   Geschäftshotels

Grand Palace Guangzhou

 Lage: etwa 40 km vom New Baiyun International Airport entfernt liegt das Hotel im neuen Stadtzentrum des Guangzhou Tianhe-Districts

Arbeitsmöglichkeiten: jedes Zimmer ist mit einem PC und Breitband-Internetzugang ausgestattet, kostenpflichtig: Konferenzräume und Businesscenter mit Internet, Druck-, Tipp- Fax-, Kopier-, Facsimile- und Ticket-Service

Hotel: verschiedene Restaurants, Café, Bar, Lounge. Fitnessstudio, Sauna, Massage, Schönheitssalon, Shopping Center

Kosten: ab 60 €

Adresse:
No 148 Linhe Zhong Road
Tianhe District
Guangzhou
Tel: +86 20 3884 0968

Grand International Guangzhou

 Lage: etwa 40 km vom New Baiyun International Airport entfernt mitten im Handels- und Finanzzentrum, dem Tianhe-District

Arbeitsmöglichkeiten: Breitband-Internetzugang, Internationales Telefon, Businesscenter (Kopierer, Fax, Autovermietung, Übersetzungen, Tippservice, Express Mail, Meeting Room, Reiseservice), mehrere Konferenzräume

Hotel: Restaurants mit verschiedenen Stilrichtungen und Bars mit einer großen Auswahl an chinesischen, japanischen, europäischen und südasiatischen Gerichten

Fitnesscenter, Swimmingpool, Spa, Sauna, Massage, Schönheitssalon

Kosten: ab 75 €

Adresse:
No. 468 Tianhe Bei Road
Tianhe District
Guangzhou
Tel: +86 20 3880 3333
Fax: +86 20 8751 9880

Gitic Riverside Hotel Guangzhou

 Lage: circa 40 km vom Flughafen entfernt am Ufer des Perlflusses in der Nähe der Jiangwan-Brücke, über die man günstig in alle Teile der Stadt gelangt

Arbeitsmöglichkeiten: Internet, Internationales Telefon, Konferenzräume, Businesscenter mit Kopier-, Fax- und Sekretariatsservice

Hotel: chinesisches Restaurant, westliches Café, Bar mit Terrasse

Kosten: ab 52 €

Adresse:
No 298 Yan Jiang Zhong Road
Guangzhou
Tel: +86 20 8383 9888
Fax: +86 20 8381 4448

Ramada Pearl Hotel

 Lage: 15 km vom internationalen Bai Yun Flughafen entfernt, im Osten Guangzhous am Ufer des Perlflusses

Das Wirtschaftszentrum Guangzhou

Arbeitsmöglichkeiten: Breitband-Internet, Internationales Telefon, Data-Port, Konferenzraum, Businesscenter mit Kopierer, Fax, Fedex/UPS/DHL, Schreibservice, Computerverleih
Hotel: mehrere Restaurants, chinesische und westliche Küche Swimmingpool, Fitnessstudio, Schönheitssalon, Shopping, ATM
Kosten: ab 68 €
Adresse:
No. 9 Ming Yue Yi Road
Guangzhou
Tel: +86 20 8737 2988
Fax: +86 20 8737 7481
Internet: www.ramada-intl.com
E-Mail: gzramada@public.guangzhou-gol.cn

The Garden Hotel Guangzhou

 Lage: 7 km vom Flughafen und 5,4 km vom Stadtzentrum entfernt, liegt das Hotel an der Huanshi Dong Straße, dem Geschäfts- und Finanzzentrum
Arbeitsmöglichkeiten: Wireless-Lan, Internationales Telefon, Business Center, Reiseservice, PC-Verleih, elf Konferenzräume, Sekretärservice, Audio-Visual-Equipment
Hotel: Restaurants mit französischer, italienischer und japanischer Küche, englische Bar und ein sich drehendes Restaurant Fitnesscenter, Pool, Massage, Sauna, Spa, ATM, Shoppingcenter
Kosten: ab 90 €
Adresse:
No. 368 Huanshi Dong Lu
Guangzhou
Tel: +86 20 8333 8989
Fax: +86 20 8335 0467
Internet: www.gardenhotel-guangzhou.com
E-Mail: gzgarden@public.guangzhou.gd.cn

White Swan Hotel Guangzhou

 Lage: 20 km vom Flughafen entfernt auf der historischen Insel Shamian mit Blick auf den Perlfluss
Arbeitsmöglichkeiten: Internetzugang, Internationales Telefon, Konferenzräume, Seminare und Bankette, Businesscenter

Hotel: Restaurants mit chinesischer und westlicher Küche, Bar, Club
Fitnesscenter, Swimmingpool, Tennis, Sauna, Schönheitssalon, Shoppingcenter
Kosten: ab 90 €
Adresse:
Southern Street 1,
Shamian Island, Guangzhou
Tel: 86 20 8188 6968
Fax: +86 20 8186 1188
Internet: www.white-swan-hotel.com
E-Mail: swan@white-swan-hotel.com

China Marriott Hotel Guangzhou

 Lage: circa 30 km vom Flughafen entfernt, gegenüber dem Messegelände in der Innenstadt
Arbeitsmöglichkeiten: Internet, Businessetage speziell für Geschäftsreisende
Businesscenter, Konferenzräume
Hotel: verschiedene Restaurants, ein Restaurant mit typisch westlichen Gerichten, Bar, Lounge und Coffee Shop
Swimmingpool, Fitnesscenter, Sauna, Einkaufszeile, Reise- und Fluglinienschalter, Schönheitssalon
Kosten: ab 100 €
Adresse:
Liu Hua Lu
Guangzhou
Tel: +86 20 8666 6888
Fax: +86 20 8667 7288

Holiday Inn City Centre Hotel Guangzho

 Lage: 15 Minuten Fahrtzeit vom internationalen Flughafen entfernt liegt das Hotel an der Huan-Dong-Straße im Geschäfts-, Einkaufs- und Vergnügungsdistrikt der Stadt. Messegelände, World Trade Center und „Friendship Store" in der Nähe
Arbeitsmöglichkeiten: Internet, Internationales Telefon, Businesscenter, Konferenzräume.
Hotel: mehrere Restaurants, regionale chinesische als auch westliche, europäische Küche
Fitnesscenter, Swimmingpool, Sauna, Shoppingcenter, Schönheitssalon

Das Wirtschaftszentrum Guangzhou

Kosten: ab 110 €
Adresse:
28 Guangming Road
Overseas Chinese Village
Huanshi Dong
Guangzhou
Tel: +86 20 6128 6868
Fax: +86 20 8775 3126

8.4   Restaurants

 ## Chinesisch

Beiyuan Jiujia (North Garden Restaurant)

Öffnungszeiten: 09.00–22.00 Uhr
No. 202 Xiao Beilu
Tel: +86 20 8356 3365

Beijing Dong Lai Shun Restaurant

Öffnungszeiten: 10.00–22.00 Uhr
Meizhou Bldg
No. 338 Hengfu Lu
Tel: +86 20 8358 6998 ext 3578

Bi Feng Tang Restaurant

Öffnungszeiten: 11.00–03.30 Uhr
Meishi Jie - Fangcun District
Tel: +86 20 8159 0102

Dongjiang Seafood Restaurant

Öffnungszeiten: tgl. 11.00–23.00 Uhr
No. 276 Huanshi Zhong Lu
Tel: +86 20 8322 9188/8322 9288

Hunan Home

Öffnungszeiten: 10.00–23.00 Uhr
6/F, Times Square
No. 28 Tianhe Bei Lu
Tel: +86 20 3882 1850/3882 1837

Xiang Cun Guan Restaurant

Öffnungszeiten: 11.00–22.30 Uhr
No 23 Xianlie Nan Lu (gegenüber vom Hua Tai Hotel)
Tel: +86 20 8778 9888 ext. 86128

Xiang Yue Ren Jia Hunan Restaurant

Öffnungszeiten: 10.00–22.30 Uhr
G/F, Jinhai Garden
No. 612 Tianhe Bei Lu
Tel: +86 20 3873 6516

Westlich und Fusion

Grand Paris

Öffnungszeiten: 11.00–15.00 Uhr/17.00–22.00 Uhr
No. 7 Tian He Jie, Tiyu Xi Lu
Tel: +86 20 8559 1979

La Seine

No. 33 Qingbo Lu, Ersha Island
(bei der Xing Hai Concert Hall)
Tel: +86 20 8735 2222 ext. 888

Toro Toro

No. 102 Jianshe Liu Ma Lu
Tel: +86 20 8371 0259

Madison American Food and Drink Specialty

Öffnungszeiten: 11.00–24.00 Uhr
313–317 Yi An Plaza
No. 33 Jianshe Liu Ma Lu
Tel: +86 20 8363 3870

Jewel of India

Öffnungszeiten: . 10.00–24.00 Uhr
No. 30 Tiyu Xi Lu
Tel: +86 20 8559 3882

Italian Restaurant

Öffnungszeiten: 11.00–02.00 Uhr

Das Wirtschaftszentrum Guangzhou

3/F, East Tower, Zhujiang Bldg
No. 360 Huanshi Dong Lu
Tel: +86 20 8386 3840

Anti Pasto Bar and Restaurant

1/F, Guangyi Building
No. 38 Huale Lu
Tel: +86 20 8360 1366

8.5 Einkaufsmöglichkeiten

 Märkte

Da Sha Tou Flea Market

Öffnungszeiten: 09.00–18.00 Uhr
Yanjiang Dong Lu, Da Sha Tou (bei der Haiyin Brücke)
Tel: +86 20 8384 5642

Highsun String and Cloth Market

Öffnungszeiten: 09.30–19.00 Uhr
1-3/F Haiyin Bldg
No. 429 Yanjiang Dong Lu
Tel: +86 20 8379 6572

Huanan Watches Wholesale Market

Back Tower No. 145 Zhan Xi Lu
Tel: +86 20 8667 6147

Haizhu Square Decoration and Handicrafs Wholesale Market

Haizhu Plaza, gegenüber von Mac Donald's

Zhongyuan Stamp & Coin Trade Center

Öffnungszeiten: 08.30–17.30 Uhr
No. 288 Haizhu Lu

Shopping malls

China Plaza

Öffnungszeiten: 10.00–22.00 Uhr
No. 33 Zhongshan San Lu
Tel: +86 20 8373 9099

CITIC Plaza

No. 233 Tianhe Bei Lu
Tel: +86 20 8752 0300

Grandview Plaza

Öffnungszeiten: 10.00–22.00 Uhr
No. 228 Tianhe Lu
Tel: +86 20 3833 0098

Liwan Plaza

Öffnungszeiten: 10.00–22.00 Uhr
No. 9 Dexing Lu
Tel: +86 20 8139 8388

Teem Plaza

Öffnungszeiten: 10.00–22.00 Uhr
No. 208 Tianhe Lu
Tel: +86 20 8559 0683

Times Square

Öffnungszeiten: 10.30–21.30 Uhr
No. 28 Tianhe Bei Lu
Tel: +86 20 3882 0000/3882 0628

Update Mall

Öffnungszeiten: 10.00–21.30 Uhr
No. 25–27 Zhongshan San Lu
Tel: +86 20 8380 1499

Guangzhou Antiques Store

Wende Bei Lu
Tel: +86 20 8334 9901

Bücher

Foreign Language Bookstore

No. 111 Hequn Yimalu
Tel: +86 20 8379 7198
tägl. 9.00–16.30 Uhr

Blue Fountain Import Books

No. 3-604 Hua Yuan Street,
Tian He Shang Zhuang, Sha He Road
Tel: +86 20 4007-100-500
Mobil: 13711490307
Fax: 020-87743386
Mo.–Fr. 9.00–20.00 Uhr

8.6　Ausgehtipps

Auch Guangzhous Nachtleben beginnt zu boomen. **Die neuesten Bars und Clubs und Veranstaltungen stehen in „Clueless in Guangzhou" und in „South China City live", die in Hotels ausliegen.**

Bars und Clubs

50 Cents

Öffnungszeiten: 20.00–06.00 Uhr
No. 228 Hengfu Lu
Tel: +86 20 8358 3328

Africa Bar

Öffnungszeiten: 19.00–02.00 Uhr
2/F Zi Dong Hua Bldg
No. 707 Dongfeng Dong Lu
Tel: +86 20 8762 3336/8776 0543

Lotus Pond Bar

1/F, Garden Hotel,
No. 368 Huan Shi Dong Lu
Tel: +86 20 8333-8989 ext. 3191

Cigar and Champagne Lounge

2/F, China Hotel,
No 1 Liuhua Lu
Tel: +86 20 8666 6888

Covent Garden Pub and Restaurant

No. 325–329 Huijing Dadao, Debao Garden
Tel: +86 20 8461 2088

Amigo

Öffnungszeiten: 18.00–02.00 Uhr
B03 Bai E Tan Lu
Fangcun District
Tel: +86 20 8155 8173

Blue Note

Öffnungszeiten: 19.30–02.00 Uhr
G/F No. 165 Taojin Lu
Tel: +86 20 8359 3384

Cave Bar

Öffnungszeiten: 19.00–02.00 Uhr
B/F Zhujiang Bldg
No. 360 Huanshi Dong Lu
Tel: +86 20 8386 3660

Baby Face

Öffnungszeiten: 21.00–02.00 Uhr
No. 83 Changdi Da Ma Lu
Tel: +86 20 8335 5771

Golden Times

Jin Yi Bldg.
No. 248 Hengfu Lu
Tel: +86 20 8358 0600

Focus

5/F, Jiangwan Bldg.
298 Yanjiang Zhong Lu
Tel: +86 20 8386 3333

Das Wirtschaftszentrum Guangzhou

Club Martin

Öffnungszeiten: 20.00–02.00 Uhr
2/F No. 183 Yanjiang Lu
Tel: +86 20 8333 5323

Face Club

Öffnungszeiten: 20.00–02.00 Uhr (Karaoke rund um die Uhr)
B/F Int'l Bank Tower
No. 191 Dongfeng Xi Lu
Tel: +86 20 8135 1338

Yes Disco

2/F, Liuhua Plaza,
No. 132 Dongfeng Xi Lu
Tel: +86 20 8136 6154 (englisch), 8136 8688 (chinesisch)

9. Praktische Informationen von A – Z

9.1 Apotheken

 Apotheken findet man überall in der Stadt. Sie sind meist gekennzeichnet durch ein **grünes Kreuz und durch das Schild „Pharmacy".** Manche sind rund um die Uhr geöffnet und man erkennt sie an der Zahl 24. Viele haben Joint-Venture-Präparate im Sortiment, die günstiger sind als die Medikamente westlicher Pharmahersteller. Allerdings ist der Beipackzettel oft nur auf Chinesisch. Außerdem haben die internationalen Krankenhäuser Apotheken, in denen man Medikamente kaufen kann.

9.2 Außenhandelskammern

 Peking
Landmark Tower 2, Unit 0811
8 North Dongsanhuan Road
Chaoyang District
100004 Beijing
Tel: +86 10 6590 0926
Fax: +86 10 6590 6313
E-Mail: info@bj.china.ahk.de
www.china.ahk.de
Geschäftszeiten: Montag–Freitag 08.30 bis 17.30 Uhr

Shanghai
29F POS Plaza, 1600 Century Avenue
Pudong, 200122 Shanghai
Telefon: +86 21 5081 2266
Telefax: +86 21 5081 2009
E-Mail: office@sh.china.ahk.de
www.china.ahk.de
Geschäftszeiten: Montag–Freitag 08.30 bis 17.00 Uhr

Guangzhou
2915 Metro Plaza
Tian He North Road
Guangzhou
Tel: +86 20 87 55 23 53
Fax: +86 20 87 55 18 89
E-Mail: info@gz.china.ahk.de
www.ahk-china.org

9.3 Autofahren

 Trotz der recht chaotischen Verkehrsverhältnisse und vieler Staus fahren mittlerweile zahlreiche Ausländer selber Auto. **Der Internationale Führerschein gilt jedoch in der Volksrepublik nicht. Entweder man löst – zum Beispiel am Flughafen - eine temporäre Fahrlizenz, oder macht den chinesischen Führerschein.**

Für einen chinesischen Führerschein benötigt man:
- Eine gültige Aufenthaltserlaubnis für die Volksrepublik China
- einen gültigen Führerschein für Deutschland
- Antragsformular
- chinesische Übersetzung des deutschen Führerscheins
- Fahrtest (entfällt, wenn man den Führerschein schon länger als drei Jahre besitzt)
- theoretischer Test auf Englisch (Multiple Choice), für den man vorher Fragebögen zum Üben kaufen kann.

zuständige Behörden:

Peking:
Foreign Affairs Department of Beijing Motor Vehicle Administration,
Beijing Municipal Traffic Management Bureau
No. 18, East Road, South Fourth Ring Road, Chaoyang District
Tel: +86 10 8762 5150
geöffnet Mo.–Fr. 8.30–20.00, Sa.–So 09.00–16.00 Uhr
www.bjjtgl.gov.cn
Shanghai:
Shanghai Vehicle Management Bureau
No. 1101 Zhong Shan Bei Yi Lu
Tel: +86 21 6516 8168

Guangzhou:
Guangzhou Municipal Traffic Management Bureau
No. 388 Jianpeng Road, Jiahe Lianbian Cun, Xinshi Zhen,
Baiyun District
Tel: +86 20 3622 0033/ 3622 0800
www.gdgajj.com

9.4 Deutsche Zeitungen

Peking
im Kempinski-Hotel
(beim Lufthansa Center)
No. 50 Liangmaqiao Lu,
Chaoyang District
Tel: +86 10 6465 3388

Shanghai
im Shanghai Centre City Supermarket
No. 1376 Nanjing Xilu
Tel: +86 21 6279 8888; 6279 8600

Guangzhou
im Deutschen Konsulat
19. Stock, Guangdong International Hotel
No. 339 Huanshi Dong Lu
Tel: +86 20 8313 0000

9.5 Deutschsprachige Ärzte/Medizini-sche Versorgung

Deutschsprachige Ärzte gibt es in China, wenn auch nicht allzu viele. Deswegen kann man sich nicht immer darauf verlassen, dass sie gerade in der Stadt oder zu sprechen sind. **Doch die Internationalen Kliniken bieten erstklassige medizinische Versorgung in englischer Sprache, mit westlichen Ärzten und entsprechenden Hygienestandards – und zu westlichen Preisen.** Die Krankenhäuser sind meist jeden Tag von 09.00 bis 18.00 Uhr geöffnet und verfügen darüber hinaus über einen 24-Stunden-Notdienst außerhalb der Öffnungszeiten. Entweder man vereinbart telefonisch einen Termin oder geht am besten direkt in die Klinik und meldet sich am Empfang an. Bezahlt wird meist sofort bar oder per Kreditkarte.

Peking

Deutschsprachige Ärzte

Regionalarzt der Deutschen Botschaft Peking
Dr. Anvar, 17 Dongzhimenwai Dajie,
Chaoyang District, 100600 Beijing,
Tel: +86 10 6532 3515

Beijing International SOS Klinik
Dr. Michaela Heinke; Allgemeinmedizin, Psychotherapie
Tel: +86 10 6462 9100
Dr. Christoph Caumanns; Hals-, Nasen- und Ohrenheilkunde,
Arbeitsmedizin
Tel: +86 10 6462-9100
Dr. Ulrich Scherzler, Allgemeinmedizin
Tel: +86 10 6462 9100
24-Stunden-Bereitschaft, Allgemeinmedizin, Notaufnahme,
Krankentransporte, Evakuierungen

Beijing United Family Hospital and Clinics
Dr. Martin Springer, Notfallmedizin
Tel: +86 10 6433 2345
24-Stunden-Bereitschaft, ambulante und stationäre Behandlungen

Elite Dental Clinic
Dr. Arnulf-Reimar Metzmacher, Zahnarzt
New Start Garden, No. 5 Chang Chun Qio Rd., 8; Haidian Dist.,
Beijing 100089
Tel: +86 10 8256 2566

Internationale Krankenhäuser

Beijing International SOS Clinic SOS
Building C, BITIC Leasing Center,
No. 1 North Road, Xing Fu San Cun,
Chaoyang District, Beijing 100027
Tel: +86 10 6462-9112
www.internationalsos.com
E-Mail: China.inquiries@internationalsos.com

Deutschsprachige Ärzte/Medizinische Versorgung

Beijing United Family Hospital and Clinics*
2 Jiantai Lu,
Chaoyang District, Beijing 100016
24h emergency: +86 10 6433-2345
Tel: (Termine): +86 10 6433-3960
www.unitedfamilyhospitals.com
E-Mail: liaison@ufh.com.cn

Beijing Vista Clinic
Kerry Center Shopping Mall B29,
No. 1 Guanghua Lu,
Chaoyang District, Beijing 100020
24h emergency: +86 10 8529-6618
www.vista-china.net
E-Mail: vista@vista-china.net

Beijing International Medical Center
Beijing Lufthansa Center S106,
No. 50 Liangmaqiao Lu, Office Building,
Chaoyang District, 100016 Beijing
S106–111
24h emergency: 6465-1561/1562/1563

Bayley & Jackson Medical Center
7 Ritan Dong Lu, Chaoyang District, Beijing 100020, PRC
24h emergency.: 8562 9990
www.bjhealthcare.com
E-Mail: info@bjhealthcare.com

Shanghai

Deutschsprachige Ärzte

Vertrauensärztin im Deutschen Generalkonsulat
Dr. med. Anne Kulich
Familienärztin
Adresse: 181 Yongfu Road
Sprechstunde: Mi. 09.00–16.30 Uhr
Tel: +86 21 6406 3305(Anmeldung), +86 21 3401 0106 ext.
107 (während der Sprechstunde)

Praktische Informationen von A – Z

Deutsch-französischer Familienarzt
Dr. Kurt Matthäus
World Link Specialty and Inpatient Center
Adresse: 170 Danshui Road
Tel: +86 21 6445 5999
Fax: +86 21 6385 9890
In besonders dringenden Fällen auch über Mobil: 138 1863 4892
E-Mail: matthaus.kurt@wanadoo.fr

Zahnärztin Dr. Tina Holthusen
und Dr. Claudia Kohr
CIDI-Dental Clinic
7/F No. 495 Jiangning Lu
Tel: +86 21 5115 4575

Psychologin
Kamer Bargan-Loechel
World Link Specialty and Inpatient Center
No. 170 Danshui Lu 170
Tel: 6445 5999
E-Mail: services@worldlink-shanghai.com

Internationale Krankenhäuser

Shanghai United Family Hospital
No. 1139 Xian Xia Lu
Changning District, Shanghai
Tel: +86 21 5133 1900 (Termine)
Tel: +86 21 5133 1999 (Notfälle)

Shanghai Centre Medical Center
1376 Nanjing Road (W)
Suite 203 W
Tel: +86 21 6279 7688

SOS International Hospital
Unit E–G, 22/F Sun Tong Infoport Plaza
55 Huaihai Road (W)
Admin Tel: +86 21 5298 9538
Alarm Tel: +86 21 6295 0099

Deutschsprachige Ärzte/Medizinische Versorgung

Hong Qiao Medical Center
Medical and Dental Services
2258 Hong Qiao Lu
(beim Hong Qiao Marriott Hotel)
Tel: +86 21 6242 0909

Global Health Care
Rm 302, Kerry Centre
1515 Nanjing Xi Lu
Tel: +86 21 5298 6339
Fax: +86 21 5298 6993
Mobil: 136 8188 8833

New Pioneer International Medical Center
2/F, Ge Ru Building
910 Hengshan Rd
XU Hui
Tel: +86 21 6469 3898

Hong Qiao Dental Center
Dental Services
Gubei Carrefour in Mandarine City, 788 Hong Xu Lu, Unit 30
Tel: +86 21 6405 5788

Jin Qiao Medical and Dental Center
51 Hong Feng Lu, Pudong
Medical and Dental Services
Tel: +86 21 5032 8288

Guangzhou

Deutschsprachige Ärzte

Vertrauensarzt des Generalkonsulats der Bundesrepublik
Deutschland
Prof. Dr. Honghui Chen
Mobil: 138 0888 2815

Internationale Krankenhäuser

Clifford Hospital
Qi Fu Xin Tun, Shiguang Lu
Tel: +86 20 8451 8333

Praktische Informationen von A - Z

E-Mail: webmaster@clifford-hospital.org.cn
www.clifford-hospital.org.cn

Can –Am International Medical Center
5/F, Garden Tower, 368 Huanshi Donglu
3685
Tel: +86 20 8386 6988, 8387 9057
24h geöffnet
E-Mail: kitty0429@163.net
www.canamhealthcare.com

Eur-Am International Medical Center
1/F, North Tower, Ocean Pearl Building, 19 Huali Lu, Pearl
River New City 19
Tel: +86 20 3759 1168
E-Mail: kcimc@kcimc.com
www.kcimc.com

Changjiang International Medical Center
Rm. C11, Tian Yu Garden (II phase), 136 Linhe Zhonglu
1362C11
Tel: +86 20 3884 1410
Mo.-Fr. 9–12, 13–17.30 Uhr, Termine am Sa.
www.cjic119.com

Kaiyi International Dental Care
5/F, Ice Flower Hotel, 2 Tianhe Beilu 25
Tel: +86 20 3387 4278
tägl. 9–18 Uhr

Dr Lu Int'l Dental Clinic
Room 603–604, Metro Plaza, 183 Tianhe Beilu
183603-604
Tel: +86 20 8755 3380
Mo.-Sa. 9–18 Uhr
E-Mail: ghl@drludental.com
www.drludental.com

9.6   Diplomatische Vertretung

 Peking

Botschaft der Bundesrepublik Deutschland
No. 17 Dongzhimenwai Dajie
Chaoyang District
100600 Beijing
Tel: +86 10 8532 9000(Zentrale)
Fax: +86 10 6532 5336(Zentrale)

Shanghai

Generalkonsulat der Bundesrepublik Deutschland
No. 181 Yongfu Road
200031 Shanghai
Tel: +86 21 3401 0106
Fax: +86 21 6471 4448

Guangzhou

Generalkonsulat der Bundesrepublik Deutschland Kanton
19. Stock, Guangdong International Hotel
No. 339 Huanshi Dong Lu
510098 Guangzhou
Tel: +86 20 8313 0000
Fax: +86 20 8331 7033
E-Mail: info@kanton.diplo.de

9.7   Essen und Trinken

 In China heißt es: „Die Kantonesen essen alles, was schwimmt, fliegt oder vier Beine hat, außer U-Booten, Flugzeugen und Tischen." **Die kantonesische Küche ist sehr vielfältig mit zum Teil sehr wohlschmeckenden, teilweise aber mit für Europäer sehr gewöhnungsbedürftigen Gerichten;** unter anderem werden auch Hunde und Schlangen verzehrt. Die meisten Menschen in Guangzhou haben aber zum Beispiel noch nie Hunde gegessen und würden das auch nicht tun. Die chinesische Küche in Europa und Nordamerika ist meist stark kantonesisch geprägt (v.a. durch Auswanderer aus Hongkong), allerdings meist in abgewandelter Form.

Das chinesische Essen ist sehr vielseitig, und jede Provinz hat seine besonderen Gerichte, je nach Vegetation, Klima und geografischer Lage.

Während das Essen in Peking wegen der kalten Winter recht gehaltvoll ist, ist die Speisekarte in Shanghai eher leicht und geprägt von Meeresfrüchten und Fisch.

Außerdem gibt es in den großen Städten mittlerweile die unterschiedlichsten ausländischen Restaurants.

Grundsätzlich wird in China das Essen meist frisch und schnell im Wok zubereitet und unterscheidet sich meist sehr von dem, was im Westen als chinesisches Essen angeboten wird.

Leitungswasser in China sollte man nicht trinken, trotz boomender Wirtschaft ist China ein Entwicklungsland und man darf keine Leitungswasserqualität nach deutschem Standard erwarten. **In den Hotelzimmern stehen in der Regel einige Trinkwasserflaschen oder Thermoskannen mit abgekochtem, heißem Wasser, womit Sie Tee oder Kaffee zubereiten können.** In chinesischen Luxushotels oder Luxusrestaurants kann man, was Hygiene angeht, europäischen Standard erwarten, von billigen Restaurants, Hotels oder Straßenhändlern jedoch nicht.

Die Tischsitten in China sind viel ungezwungener als in Deutschland, man will sich beim Essen entspannen und verhält sich auch entsprechend. Auf Ausländer wirkt das teilweise etwas befremdlich, da der Tisch nach dem Essen aussieht wie ein Schlachtfeld. Ausländern wird sowieso viel verziehen, wenn es um den Umgang mit Stäbchen geht, sodass man vor einem Geschäftsessen in China eigentlich fast weniger Angst haben muss als in Deutschland. Doch es gibt schon einige Dinge, die man beachten sollte, um höflich zu sein (siehe Dos & Don'ts und Geschäftsessen).

9.8 Feiertage und Feste

 Chinesisches Neujahr/ Frühlingsfest
zwischen dem 20. Januar und dem 21. Februar eines Jahres

8. März: Internationaler Frauentag
An diesem Tag bekommen die Frauen einen halben Tag frei, allerdings ist dies von Danwei (Einheit) zu Danwei verschieden geregelt und nicht gesetzlich vorgeschrieben.

1. Mai: Tag der Arbeit
Seit einigen Jahren gibt es am 1. Mai eine Woche Ferien, die Golden Week, in der die Chinesen reisen und Geld ausgeben.

4. Mai: Jugendtag
In Erinnerung an die 4.-Mai-Bewegung 1919, als in China Studentenproteste ausbrachen wegen der Entscheidung der Versailler Konferenz nach dem Ersten Weltkrieg, die Rechte des Deutschen Reiches in China an Japan zu übergeben.

1. Juni: Internationaler Kindertag
Alle Kinder unter dreizehn Jahren haben an diesem Tag schulfrei, Eltern sollen an diesem Tag mit ihren Kindern etwas unternehmen (und erhalten manchmal von der Danwei (Einheit) auch frei bzw. nehmen Urlaub. Alternativ werden an diesem Tag von den Schulen z.B. Kinobesuche organisiert.

1. Juli: Gründungstag der Kommunistischen Partei Chinas
Ist kein offizieller Feiertag, allerdings wird an diesem Tag mit zahlreichen Fernsehprogrammen an die Gründung der Kommunistischen Partei erinnert.

10. September: Jiaoshijie: Fest der Lehrer
Lehrer erhalten an diesem Tag Geschenke von den Schülern und einen halben Tag frei (wird von der Schule geregelt).

1. Oktober: Gründung der Volksrepublik China (im Jahr 1949 durch Mao Zedong)
Am ersten Oktober gibt es fünf Tage Ferien. An diesen Tagen sind viele Chinesen mit Bus und Bahn unterwegs um ihre Familien zu besuchen.

Frühlingsfest (Chunjie)

Das wichtigste Ereignis des chinesischen Jahres. Das neue Jahr beginnt. Alle fahren in ihren Heimatort und treffen ihre Familie und alte Freunde. Man beschenkt sich und kocht das größte Festessen des Jahres. Das öffentliche Leben pausiert, die Restaurants haben jedoch mittlerweile während des Festes Hochbetrieb, da immer mehr moderne Chinesen zum Festessen ausgehen. Es gibt wochenlang Feuerwerk, viele Märkte und Feiern in dieser Zeit, die Häuser sind geschmückt und werden geputzt. Überall sieht man rote Lampignons und Symbole, wie Fische für Reichtum, Chili für reiche Ernte, Fu (das Schriftzeichen für Glück) etc. Am schönsten sind in Peking die beiden großen Tempelmärkte auf dem Gelände des Erdaltars Ditan bzw. im Tempel Baiyun Guan. Dort kann man hübsche Volkskunst, Spielzeug und Kleidung kaufen, essen und wird dabei von Löwentänzen, Puppenspielen und Akrobatik unterhalten. Die nächsten Termine: 7.2.2008, 26.1.2009.

Laternenfest (Yuanxiaojie)
Fest zum ersten Vollmond im Mondjahr. Im Kulturpalast der Werktätigen (Laodong Renmin Wenhua Gong), am Kulturpalast der Nationalitäten (Minzu Wenhua Gong) in Peking sowie an anderen Orten werden eigens zu diesem Anlass angefertigte Prunklaternen ausgestellt.

Mittherbstfest (Zhongqiujie)
An diesem 15. Tag des achten Mondmonats soll der Vollmond heller und runder sein als sonst. Deswegen heißt das Fest unter den Chinesen Mondfest. Man betrachtet den Mond an einer möglichst schönen Stelle und isst „Mondkuchen", ein rundes Gebäck mit den unterschiedlichsten Füllungen, von Fisch bis Sojabohnenpaste. In vielen Parks finden Laternenschauen und volkstümliche Veranstaltungen statt, in Peking zum Beispiel im Beihai-Park und im Yuanming Yuan. Die nächsten Termine: 25.9.2007, 14.9.2008, 3.10.2009.

9.9 Geld/Geldautomaten

Die Währung der VR China ist der Renminbi (RMB), meist aber Yuan oder Kuai genannt (1 Yuan = 10 Jiao = 100 Fen). Es gibt 100-, 50-, 20-,10-, 5- und 1-Yuan-Scheine. Im Süden ist Münzgeld (bis zu 1 Yuan) häufiger als in Peking, wo selbst 1 Jiao meist als Schein benutzt wird.

Man kann sich die chinesische Währung erst in China besorgen. An den Flughäfen gibt es meist Filialen der Bank of China oder anderer Banken, wo Geld gewechselt werden kann. **Geld wechseln kann man grundsätzlich in jeder Filiale der Bank of China oder der Industrial and Commercial Bank of China und sollte auch in größeren**

Hotels kein Problem sein. Dazu benötigt man allerdings eine Kopie des Passes.

Man sollte außerdem die Quittungen aufheben, da man beim Zurückwechseln von Renminbi in ausländische Währungen diese Quittungen vorlegen muss.

Vor manchen Banken stehen oft Chinesen, die anbieten, Geld billiger zu wechseln. Das ist nicht nur illegal, sondern es ist auch fraglich, ob das Geld, das man erhält, echt ist. Selbst wenn die Geldwechsler anbieten, mit in die Bank zu gehen, sollte man sehr skeptisch sein.

Geldautomaten (ATM) akzeptieren die meisten ausländischen Kreditkarten (VISA, Master Card, American Express usw). Man kann aber auch ebenso gut mit seiner normalen EC-Karte Geld an den ATMs abheben, da so die Gebühren niedriger sind. Man kann bei den ATMs der Banken immer nur einen Höchstbetrag abheben, der von Bank zu Bank und auch in den Städten unterschiedlich ist, meist jedoch bei 2.000 bis 2.500 Yuan pro Abhebevorgang liegt. Man kann allerdings mehrmals hintereinander diesen Betrag abheben.

9.10 Mietwagen

Peking

AVIS
Unit 16 N 1 Dongzhimen Nei Dajie
Dongcheng District
Beijing
Tel: +86 10 8406 3343

Hertz
5 Jianguomenwai Da Jie
Chaoyang District
Beijing
Tel: +86 10 6595 8109
www.hertz.com

Shanghai

AVIS
Adresse: 1387 Changning Lu
Tel: +86 21 6241 0215

Praktische Informationen von A – Z

Öffnungszeiten: 08.00–20.00 Uhr
www.avischina.com

Hertz
Adresse:
1) 16B/C, 379 Pudong Nan Lu
2) 65 Yan'an Xi Lu
3) Rm 306, 1088 Yan'an Xi Lu
4) 500 Pudong Nan Lu
5) Pudong International Airport Ausgang, Schalter 46–47
6) 605 Wuzhong Lu
Hotline: 8008108883

Guangzhou

Avis
Adresse: 9 Huali Road Tianhe District
Tel: +86 20 3758 5080

Hertz
89 Linhe West Road Tianhe District
Tel: +86 20 20 8755 1608
www.hertz.com

9.11 Öffnungszeiten

 Offizielle Öffnungszeiten in China sind normalerweise von 09.00 Uhr bis 17.30 oder 18 Uhr mit einer Stunde Mittagspause, von Montag bis Freitag.

Banken, Krankenhäuser, Museen, Postämter öffnen normalerweise an allen Tagen von 8.30 oder 9 bis 18.00 Uhr.

Läden, Supermärkte usw. öffnen meist bis 22.00 Uhr, auch an allen Tagen.

Die Öffnungszeiten können von Ort zu Ort variieren, im Westen Chinas verschieben sich zum Beispiel die Öffnungszeiten oft nach hinten, da es in China nur eine Zeitzone gibt.

9.12 Sicherheit

 China ist trotz zunehmender Kriminalität in den Metropolen noch immer eines der sichersten Reiseländer. Zurzeit gibt es keine Reisewarnung des Auswärtigen Amts, lediglich einen Sicherheitshinweis vom

09. November 2004, dass von Reisen in das an Pakistan, Afghanistan und Tadschikistan grenzende Pamir-Gebiet in der Autonomen Region Uighur Xinjiang abgeraten wird. **Das Auswärtige Amt empfiehlt auf seiner Homepage für China auch eine Auslandsreiseversicherung mit Rückholversicherung.** Trotz vereinzelter Berichte über Verbrechen an ausländischen Touristen ist es dennoch sehr sicher, in der Volksrepublik zu reisen. Diebe gibt es jedoch trotzdem vor allem in den großen Städten und an Touristenplätzen, U-Bahnen etc. Deswegen sollte man wie auf jeder anderen Reise auch die üblichen Vorsichtsmaßnahmen nicht vernachlässigen und ein Auge auf Kameras, Geldbeutel und andere Wertsachen haben und Pass/Tickets und Ähnliches gleich im Hotelsafe einschließen.

Bettler in China

In chinesischen Touristenzentren gibt es gut organisierte Bettler, die bei europäischen Touristen sehr hartnäckig sein können. Oft sind es Kinder, die auch nachts in den Barstraßen betteln müssen und hinter den Touristen herlaufen. Gibt man ihnen etwas, sollte man sich dessen bewusst sein, dass sie das Geld abgeben müssen und dass aus allen Ecken andere Bettler kommen, die ebenfalls etwas haben wollen. Meistens genügt es, sie einfach zu ignorieren, bei hartnäckigen Bettlern hilft nur die schnelle Flucht.

9.13 Taxifahren

i **Taxifahren ist in China billig, kurze Strecken kann man schon für den Grundpreis von 10 Yuan (ca. 1 Euro) zurücklegen. Ab einer bestimmten Strecke (3 Kilometer) zahlt man dann einen Kilometerpreis.** Zwischen 23 Uhr und 6 Uhr morgens ist der Grundpreis höher. (Shanghai 13 Yuan; Peking 11 Yuan). **Wer ein Taxi benötigt, stellt sich einfach an den Straßenrand und winkt ein leeres Taxi (erkennbar an einem kleinen hochgeklappten Schild an der Frontscheibe) herbei.** Vor den Ausgängen von Flughäfen, Bahnhöfen und Hotels ab drei Sternen stehen fast immer wartende Taxis. Über den Kilometerpreis gibt ein Aufkleber außen an der Autotür Auskunft. Bei Regen ist es oftmals sehr schwierig, ein Taxi zu bekommen.

Beim Einsteigen muss man unbedingt darauf achten, dass der Fahrer sein Taxameter anstellt.

Taxifahrer in China sprechen selbst in Peking, Shanghai und Guangzhou selten Englisch. Wer also kein Chinesisch kann, sollte sich vorher die Schriftzeichen aufschreiben lassen (zum Beispiel im Hotel). Viele Hotels haben für ihre Gäste Kärtchen gedruckt, auf denen auf Englisch und Chinesisch steht: „Please drive me to ..." **Um nach einem Meeting oder Geschäftsessen wieder ins richtige Hotel zu kommen, sollte man ein Adresskärtchen des Hotels in chinesischer Sprache mitnehmen.**

9.14 Telefonieren

i Auch wenn die Anzahl der Telefonanschlüsse pro Einwohner in China bei Weitem noch nicht so hoch ist wie in Europa, wo circa 55 Prozent aller Einwohner über einen Anschluss verfügen, entwickelt sich der Telekommunikationsmarkt in China seit einigen Jahren rasant. Insgesamt ist der chinesische Telekommunikationsmarkt von Festnetz über Mobilfunk und Internet ein ansehnlicher Wachstumsmarkt. In den Städten scheint jeder Chinese mindestens ein Mobiltelefon zu haben, es wird an jeder Ecke und bei jeder Gelegenheit, egal ob Essen, Theater, Museumsbesuch oder im Auto telefoniert.

Die internationale Vorwahl Chinas ist 0086. Es gibt mehrere billige Telefonvorwahlen für China, die man sich aus dem Internet heraussuchen kann (z.B. www.billiger-telefonieren.de). Telefonieren von Deutschland nach China ist in der Regel billiger als umgekehrt. **Lassen Sie sich also – wenn möglich – auf der Nummer ihres Zimmertelefons im Hotel anrufen.**

Die Telefonvorwahl für Telefonate nach Deutschland ist 0049.

Um in China von Hotels aus telefonieren zu können, sollte man sich eine Telefonkarte, IP-Card, besorgen, die es in China an vielen Zeitungsständen, Tabakläden und Kiosks zu kaufen gibt. Anrufe von den Hotelapparaten, vor allem ins Ausland, sind sehr teuer. Telefonate innerhalb Chinas und Ortsgespräche sind preisgünstig.

Um in China mobil telefonieren zu können, kann man sich eine sogenannte „Prepaid-Karte" zulegen. Die

Prepaid-Sim-Karten, zur Identifizierung eines Handys, werden an kleinen Ständen, Tabakläden und Kiosks überall verkauft. Beim Kauf zeigt man am besten auf sein Mobiltelefon und sagt „Sim Ka". Danach bekommt man eine Liste mit unzähligen Telefonnummern vorgelegt, aus der man sich eine Nummer aussuchen kann. Die Nummer bestimmt den Preis. Eine Telefonnummer mit der Zahl acht kostet mehr, da die acht eine Glückszahl in China ist. Eine Nummer mit der Zahl vier ist oftmals günstiger, da das Wort für die vier (si) dem Wort für Tod (si) stark ähnelt.

Die Preise für eine Sim-Karte schwanken zwischen 60 bis 300 RMB, oftmals kosten sie jedoch 100 RMB. Die Netzanbieter sind frei wählbar, allerdings bietet China Mobile den besten Empfang, vor allen Dingen, wenn man in ganz China unterwegs ist.

Die Sim-Karte wird mit Prepaid-Karten aufgeladen. Diese kann man an den gleichen Ständen für 50 oder 100 RMB kaufen. Die Kosten von China Mobile liegen bei 0,6 RMB pro Minute. Egal, ob man einen Anruf tätigt oder entgegennimmt, man bezahlt dieselbe Gebühr.

Notruf

Polizei 110
Feuerwehr 119
Medizinischer Dienst 120
Verkehrsnotruf 122

Kleiner Sprachführer

i In dem Riesenreich China leben viele verschiedene Völker, die verschiedene Dialekte des Chinesischen oder auch eigene Sprachen sprechen. Schon Chinesen aus nur wenige Hundert Kilometer entfernten Städten können sich mündlich nur schwer verständigen. **Das „Hoch-Chinesisch", auch Allgemeinsprache genannt, ist das Mandarin-Chinesisch und die allgemeine Schul- und Verwaltungssprache.**

Die Aussprache enthält im Chinesischen besonders viele Summ- und Zischlaute, wie z.B. ein stummes S, ein lauthaftes S, SCH, J wie in Journal und wie in Dschungel usw. Ansonsten ist die Aussprache sehr schwierig, weil nicht nur die Laute, sondern auch der Tonfall sehr wichtig ist. Ob also ein Wort mit gleichbleibender, steigender, fallender und steigender oder fallender Tonhöhe gesprochen wird, kann die Bedeutung eines Wortes verändern.

Das wichtigste Mittel der Verständigung ist aber die Schriftsprache. Um eine Tageszeitung zu lesen, muss man 3.000 verschiedene Zeichen lesen können. Die Bedeutung der Zeichen ist in allen Regionen des Landes gleich. Wenn zwei Chinesen aus verschiedenen Gebieten sich unterhalten, dann malen sie häufig Schriftzeichen mit dem Finger auf die Handfläche.

Für die chinesischen Schriftzeichen hat es viele verschiedene Umschriften in unsere lateinischen Buchstaben gegeben. Seit 1958 gilt die (Hanyu-) Pinyin-Umschrift.

Anlaute	Beschreibung
B	stimmloses b
P	wie im Deutschen, behaucht
M	wie im Deutschen
F	wie im Deutschen
D	stimmloses d
T	wie im Deutschen, behaucht
N	wie im Deutschen
L	wie im Deutschen
G	stimmloses g

K	wie im Deutschen, behaucht
H	wie in lachen
J	ähnlich wie in Mädchen, aber viel weicher
Q	ähnlich wie in Mädchen, aber stark behaucht
X	wie ch in ich
Zh	ähnlich wie in Dschungel, aber stimmlos sowie retroflex (mit zurückgebogener Zungenspitze)
Ch	wie zh, aber stark behaucht
Sh	ähnlich wie deutsches sch, aber retroflex
R	ähnlich wie französisches j (bonjour), aber retroflex
Z	wie in Landsmann
C	wie z, aber stark behaucht
S	wie in weiß
Auslaute	Beschreibung
	Einfache Vokale
a	wie in war
o	Alleinstehend wie in doch, nach b, p, m und f eher wie bei uo (siehe dort)
e	Zungenstellung wie bei o in rot, aber ohne Rundung der Lippen
i, yi	wie in nie, außer nach zh, ch, sh, r, z, c und s
i	nach zh, ch, sh und r: kein Vokal, die Zunge verbleibt in der Stellung des Konsonanten. Klingt wie in englisch sir mit amerikanischer Aussprache.
i	nach z, c und s: Zungenstellung wie bei u in Buch, aber mit gespreizten Lippen
u, wu	wie in Buch, außer nach j, q und x wie bei ü
ü, (u), yu	wie in über
er	wie englisch hurt in amerikanischer Aussprache
	Diphthonge und Triphthonge
ai	wie in Mai
ao	ähnlich wie in Haus, das u wird ganz schwach artikuliert und tendiert zu o
ou	offenes o wie in doch, gefolgt von unsilbischem u
ei	wie in englisch day
ia, ya	wie in Sambia
iao, yao	wie in miauen, das u tendiert zu o

yo	wie in Joch
iu, you	wie in Yoga mit Andeutung eines u
ie, ye	wie in englisch yes
ua, wa	wie in Guarana
uai, wai	wie in englisch wife
uo, wo	wie in englisch water
ui, wei	wie englisch way
üe, ue, yue	wie bei ie, ye, aber mit ü wie in über statt mit i beginnend
	Auslaute auf -n und -ng
an	wie in wann
ian, yan	wie in Ambiente
uan, wan	wie in Assuan, außer nach j, q und x wie bei uan, yuan
uan, yuan	nach j, q und x: Aussprache wie bei ian, yan, aber mit ü wie in über statt mit i beginnend
en	wie in machen
un, wen	wie in Individuen, außer nach j, q und x wie bei un, yun
in, yin	wie in bin, aber mit geschlossenem i wie in nie
un, yun	nach j, q und x: wie in französisch lune
ang	wie in Angst
iang, yang	wie in italienisch bianca
uang, wang	wie bei ang, dem ein unsilbisches u vorausgeht
ong,	wie in Hunger
iong, yong	wie jung
eng	offenes o wie in doch, aber ohne Lippenrundung, gefolgt von ng
weng	wie bei eng, dem ein unsilbisches u vorausgeht
ing, ying	wie in Ding, aber mit geschlossenem i wie in nie

Die vier Töne

Der erste Ton hat eine sehr hohe Tonlage und einen gleichbleibenden Tonverlauf, wie z.B. in einem feierlichen „Amen"

áà î

[na] n {li] l

Der zweite Ton steigt von der mittleren Tonlage aus an. Man spricht ihn wie eine Frage, z.B. „was?", „wer?".
[na] ná [li] lí

Der dritte Ton ist der tiefste Ton. Er wird so gesprochen wie z.B. das „na" in „nanu" oder „na und". Steht die Silbe im dritten Ton alleine oder am Satzende, wird sie tief und dann noch etwas ansteigend gesprochen.

Bei zwei aufeinanderfolgenden Silben im dritten Ton wird jedoch die 1. Silbe im zweiten Ton und erst die 2. Silbe im dritten Ton gesprochen.

[nana] nn wird gesprochen wie nán.

Der vierte Ton ist ein kurzer, fallender Ton wie bei einem Befehl: „Raus!"

[na] nà

Allgemeine Fragen
Wer? – shei?
Was? – shenme?
Wie bitte? – nin shuo shenme?
Wo? – zai na li?
Wann? – shenme shihou?
Wie viel? – duo shao?
Wie viel kostet es? – duo shao qian?
Wie geht's? – zen me yang?
Wie lange? – duo chang shi jian?
Welche? – na yi ge?
Fürwörter
Du – ni
Ich – wo
Er/Sie/Es – ta
Sie (höflich) – nin
Ihr – ni men
Wir – wo men
Sie – ta men
Diese/Dieser/Dieses – zhe ge

Kleiner Sprachführer

Zahlen

0 – ling
1 – yi
2 – er
3 – san
4 – si
5 – wu
6 – liu
7 – qi
8 – ba
9 – jiu
10 – shi
11 – shi yi
12 – shi er
13 – shi san
14 – shi si
15 – shi wu
16 – shi liu
17 – shi qi
18 – shi ba
19 – shi jiu
20 – er shi
30 – san shi
40 – si shi
50 – wu shi
60 – liu shi
70 – qi shi
80 – ba shi
90 – jiu shi
100 – yi bai
101 – yi bai ling yi
102 – yi bai ling er
103 – yi bai ling san
200 – er bai
201 – er bai ling yi

202 – er bai ling er	
203 – er bai ling san	
300 – san bai	
400 – si bai	
1.000 – yi qian	
2.000 – liang qian	
10.000 – yi wan	
20.000 – liang wan	

Zeitangaben

Stunde – xiao shi

1 Stunde – yi xiao shi

2 Stunden – liang xiao shi

Tag – tian

1 Tag – yi tian

2 Tage – liang tian

Monat – yue

1 Monat – yi ge yue

2 Monate – liang ge yue

Jahr – nian

1 Jahr – yi nian

2 Jahre – liang nian

jetzt – xian zai

heute – jin tian

morgen – ming tian

gestern – zuo tian

vorgestern – qian tian

jeden Tag – mei tian

Montag – xing qi yi

Dienstag – xing qi er

Mittwoch – xing qi san

Donnerstag – xing qi si

Freitag – xing qi wu

Samstag – xing qi liu

Sonntag – xing qi tian/ xing qi ri

Januar – yi yue

Kleiner Sprachführer

Februar – er yue
März – san yue
April – si yue
Mai – wu yue
Juni – liu yue
Juli – qi yue
August – ba yue
September – jiu yue
Oktober – shi yue
November – shi yi yue
Dezember – shi er yue
Jahr 1997 – yi jiu jiu qi nian
Am 01. Juli 1997 – zai yi jiu jiu qi nian qi yue yi ri
Allgemeine Konversation
Guten Tag! – ni hao
Hallo! (am Telefon) – wei, ni hao
Auf Wiedersehen! – zai jian
Entschuldigung – dui bu qi
Bitte warte einen Moment – qing deng yi xia
Wie heißen Sie? – nin jiao shen me ming zi?
Ich heiße – wo jiao
Ich spreche kein Chinesisch – wo bu hui shuo zhong wen
Ich habe keine – wo mei you
Ja – shi
Nein – bu
Danke – xie xie
Nein danke – bu, xie xie
Gern geschehen – bu yong xie/ bu ke qi
Richtig – dui
Falsch – bu dui
Gut/in ordnung – hao de
Es gibt – you
Es gibt nicht – mei you
Ja, es geht – xing
Es geht nicht – bu xing
Kein Problem – mei wen ti

Literaturhinweise

Sprachführer

Verlag Pons: Business-Sprachführer Chinesisch
Verlag Lonely Planet: Mandarin Chinese Phrasebook (englisch)
Verlag Langenscheidt: Sprachführer Chinesisch
Reise Know-How Verlag: aus der Reihe „Kauderwelsch", Band
14: Hochchinesisch Wort für Wort

Traditionelle Werke

Cao Xueqin,
Der Traum der roten Kammer,
Insel-Verlag, 1995.

Luo Guanzhong,
Die drei Reiche,
Insel-Verlag, 1981.

Wu Cheng'en,
Die Reise nach dem Westen,
Diederichs, 2003.

Die Räuber vom Liang Shan Moor,
Insel-Verlag, 2003.

Moderne Literatur

Meinshausen, Frank,
Das Leben ist jetzt. Neue Erzählungen aus China, Suhrkamp,
2003.

Steenberg, Carla, Hu Hsiang-Fan,
Orchidee und Pflaumenblüte, Theseus, 2001.

Guter, Josef,
Das Geschenk des Drachenkönigs. Märchen aus China, Komet,
2007.

Lum McCunn, Ruthanne, Schuhmacher, Sonja, Seuß, Rita,
Mondperle, Lübbe, 2004.

Literaturhinweise

Wirtschaftsbücher

Hirn, Wolfgang,
Angriff aus Asien. Wie uns die neuen Wirtschaftsmächte
überholen, S. Fischer, 2007.

Scholl-Latour, Peter,
Russland im Zangengriff. Putins Imperium zwischen Nato,
China und Islam, Propyläen, 2006.

Seitz, Konrad,
China: Eine Weltmacht kehrt zurück, Goldmann, 2006.

Sandschneider, Eberhard,
Globale Rivalen. Chinas unheimlicher Aufstieg und die Ohn-
macht des Westens, Hanser Wirtschaft, 2007.

Steingart, Gabor,
Weltkrieg um Wohlstand. Wie Macht und Reichtum neu
verteilt werden, Piper, 2006.

Erling, Johnny,
Schauplatz China. Aufbruch zur Supermacht, Herder, 2006.

Schoettli, Urs,
China – die neue Weltmacht, Schöningh, 2007.

Schmidt, Helmut,
Die Mächte der Zukunft. Gewinner und Verlierer in der Welt
von morgen, Goldmann, 2006.

Hauenschield, Hans,
China Takeaway. Wissenswertes und Kurioses aus dem Reich
der Mitte, Econ, 2007.

Kynge, James,
China – Der Aufstieg einer hungrigen Nation, Murmann Verlag,
2006.

August, Oliver,
Auf der Suche nach dem roten Tycoon. Chinas kapitalistische
Revolution, Eichborn, 2007.

Li Er,
Der Granatapfelbaum, der Kirschen trägt, Dtv, 2007.

Stichwortverzeichnis

Stichwortverzeichnis

Über den Autor

„Frank Sieren, seit mehr als zehn Jahren Korrespondent in Peking, ist ein bemerkenswertes Buch gelungen, das Deutschland aufrütteln sollte. Von der Schule bis zu den Top-Etagen von Konzernen und Ministerien muss der China-Code entschlüsselt werden, will Deutschland nicht überrollt werden. Täglich verlagern kleine und große Unternehmen Arbeitsplätze ins Reich der Mitte. Der technologische Vorsprung schmilzt dahin. China macht sich ohne Skrupel die Errungenschaften westlicher Konzerne zunutze. Akribisch recherchiert, mit viel Kenntnisreichtum aufbereitet ist das Buch ein Muss für all jene, die wissen wollen, worauf sich die deutsche Wirtschaft einstellen muss."

Handelsblatt

Nr. 1
Wirtschaftsbestseller
SPIEGEL-BESTSELLER

Der neue Sieren
Januar 2008
im Handel

„Sieren hat ein großes Buch geschrieben." **Meibritt Illner, BERLIN MITTE** +++ „Unbedingt lesen." **Helmut Markwort, FOCUS Chefredakteur** +++ „Eine gelungene Analyse. Sieren hat eine längst fällige Debatte angestoßen." **STERN** +++ Ein Buch, das jeder lesen sollte, dem Deutschlands Zukunft am Herzen liegt. **Peter Scholl-Latour** +++ Frisch und klar. **NEUE ZRCHER ZEITUNG** +++ Sehr aufschlussreich, auch für wirtschaftliche Laien spannend zu lesen. **Erich Follath, Der SPIEGEL** +++ Frank Sieren erörtert anschaulich, was der Siegeszug des „Reiches der Mitte" für Deutschland bedeutet. **Arnulf Baring, FAZ**

„Einer der führenden Chinaexperten Deutschlands."

London Times

Willkommen in China.

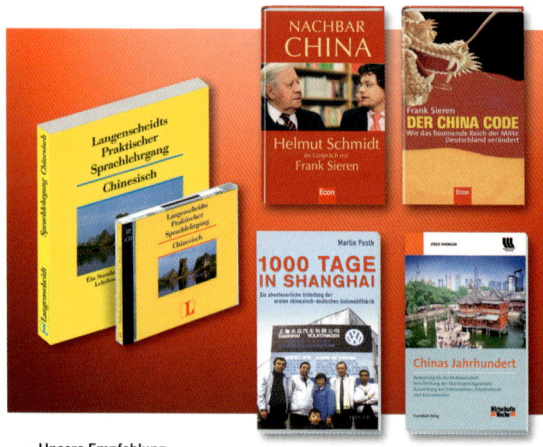

Unsere Empfehlung für Ihren Erfolg in China:

Praktischer Sprachlehrgang Chinesisch
Buch, Lösungsschlüssel und 2 CDs
Artikelnr. 909320-WW70, **Euro 59,90***

Nachbar China
256 Seiten, gebunden
Artikelnr. 529238-WW70, **Euro 22,00***

Der China Code
432 Seiten, gebunden
Artikelnr. 922478-WW70, **Euro 19,95***

1000 Tage in Shanghai
260 Seiten, Paperback
Artikelnr. 529113-WW70, **Euro 19,90***

Chinas Jahrhundert
256 Seiten, Hardcover
Artikelnr. 529614-WW70, **Euro 24,90***

Jetzt direkt bestellen unter:
Tel. 0180 - 544 21 10
(14 Ct./Min. aus dem dt. Festnetz, ggf. abw. Preise aus Mobilfunknetzen)
oder www.wiwo-shop.de

*zzgl. Versandkosten.
Widerrufsgarantie: Die Bestellung kann ich innerhalb von zwei
Wochen nach Erhalt der Ware ohne Angabe von Gründen schriftlich bei SSI Schäfer Shop GmbH, Industriestraße 65, 57518 Betz-
dorf/Sieg, Fax: 0180 - 544 21 16 (14 Cent/Min. aus dem dt. Festnetz,
ggf. abw. Preise aus Mobilfunknetzen) oder durch Rücksendung
der ungeöffneten Ware widerrufen. Das Widerrufsrecht besteht
nicht in den in § 312d Abs. 4 BGB genannten Fällen.

Wirtschafts Woche

Nichts ist spannender als Wirtschaft.

Bestes Business.

CERRUTI-Kugelschreiber
Schreiben in seiner schönsten Form:
Glänzendes Chrom im scharfen Kontrast
zur schwarzen Lackierung. 2 Jahre Garantie.
Inkl. stabiler Schmuckhülse.
Hier bestellen: www.wiwo.de/b-cerruti

**Sichern Sie sich gleich Ihr
exklusives Business-Angebot:**

- 10 Ausgaben der WirtschaftsWoche lesen
- Sie zahlen nur 22,50 EUR und sparen
  34 % gegenüber dem Einzelkauf
- Lieferung frei Haus
- Moleskine® Notizbuch oder
  CERRUTI-Kugelschreiber als Geschenk
- 1 Ausgabe extra bei Zahlung mit Bankeinzug

Moleskine® Notizbuch
Alle Termine jederzeit griffbereit. Mit prak-
tischem Gummiband zum Verschließen plus
Tasche auf der Innenseite des Buchrückens.
Hier bestellen: www.wiwo.de/b-moleskine

Nutzen Sie Ihre Vorteile:

- Sie erhalten alle wichtigen Informationen
  bereits samstags und gehen so mit
  einem entscheidenden Wissensvorsprung
  in die neue Woche

- **NEU:** Exklusive Basis für erfolgreiche
  Entscheidungen. Nutzen Sie kostenlos
  wirtschaftspresse.biz, das digitale
  Wirtschaftsarchiv mit Full-Service-Angebot

**Jetzt bestellen
und Geschenk sichern!**

Jetzt bestellen unter:
www.wiwo.de/b-moleskine oder /b-cerruti
telefonisch 0 18 05 / 99 00 20
(14 Cent/Min. a. d. dt. Festnetz, ggf. abw. Preise aus Mobilfunknetzen)

Woche für Woche alles
Wissenswerte aus
der Wirtschaft plus das
exklusive Lifestyle-
Magazin fivetonine.

**Wirtschafts
Woche**

Reihe Business Know-how –
Spitzen-Navigation fürs internationale
Parkett

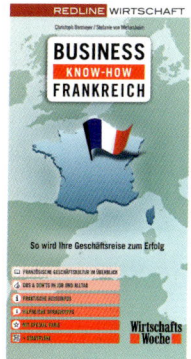

Christoph Barmeyer
Stefanie von Wietersheim
Business Know-how Frankreich
€ 14,90 (D) / ISBN 978-3-636-01529-7

Achim Rodewald
Business Know-how Indien
€ 14,90 (D) / ISBN 978-3-636-01526-6

Sabine Wagner
Business Know-how USA (Ostküste)
€ 14,90 (D) / ISBN 978-3-636-01528-0

Weitere Titel sind in Vorbereitung.

www.redline-wirtschaft.de

REDLINE WIRTSCHAFT

RUSSLA

Udmurtien
Iževsk
JEKATERINBURG
UFA
Baschkortostan

Autonom
Ust-Ord
Ust'
Chakassien
Abakan
Astana
Gorno-Altajsk
Kyzyl
Tuwa
Altai

KASACHSTAN

Aralsee

Balchaschsee

USBEKISTAN

TASCHKENT
Bischkek
ALMA-ATA
ÜRÜMQI

Sinkiang

Duschanbe
KIRGISISTAN

TADSCHIKISTAN

Ga

AFGHANISTAN

Qingha

KABUL
Srinagar
Jammu
und Kashmir

CHI

Islamabad

Himachal
Pradesh
Tibet

Punjab
Chandigarh
Shimla

Lhasa

PAKISTAN
Haryana
Uttaranchal

Arunas
Prade
DELHI
NEPAL
Sikkim
Itana

Rajasthan
Uttar
Pradesh
Kathmandu
BHUTAN

JAIPUR
Thimpu
Dispur
Ko

LUCKNOW
Bihar
Assam
Shillong
Ma
Imph

Gandhinagar
PATNA
DHAKA
Aizawl

Gujarat
BHOPAL
Jharkhand
West
BANGLA-
Mizora

Madhya Pradesh
Ranchi
Bengalen
DESCH

INDIEN
Raipur
KALKUTTA
MYA

MUMBAI
(BOMBAY)
Maharashtra
Chhattis-
garh
Orissa
Bhubaneswar

HYDERABAD
RANGUN

Panaji
Goa
Andhra
Pradesh
Golf von
Bengalen

Karnataka

BANGALORE
CHENNAI
(MADRAS)
Andamanen
Anda

Kerala
Tamil
Nadu
Pondicherry
Port Bla

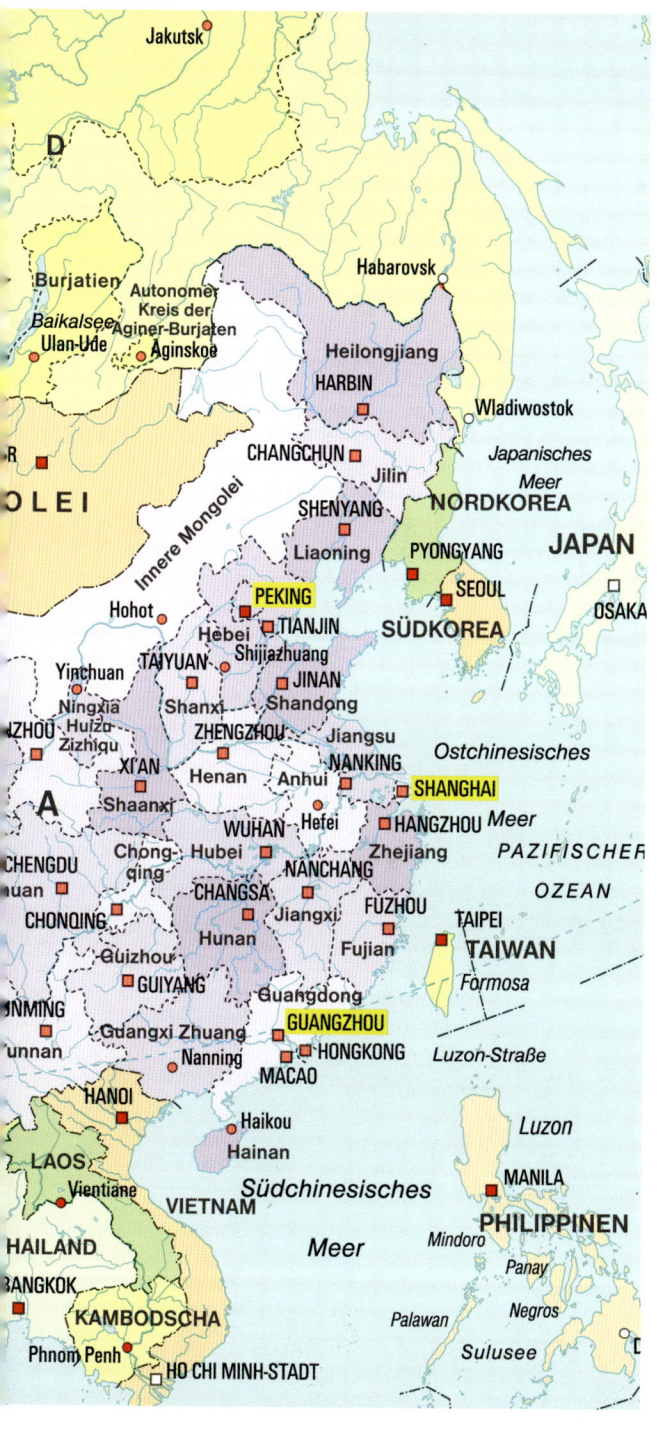

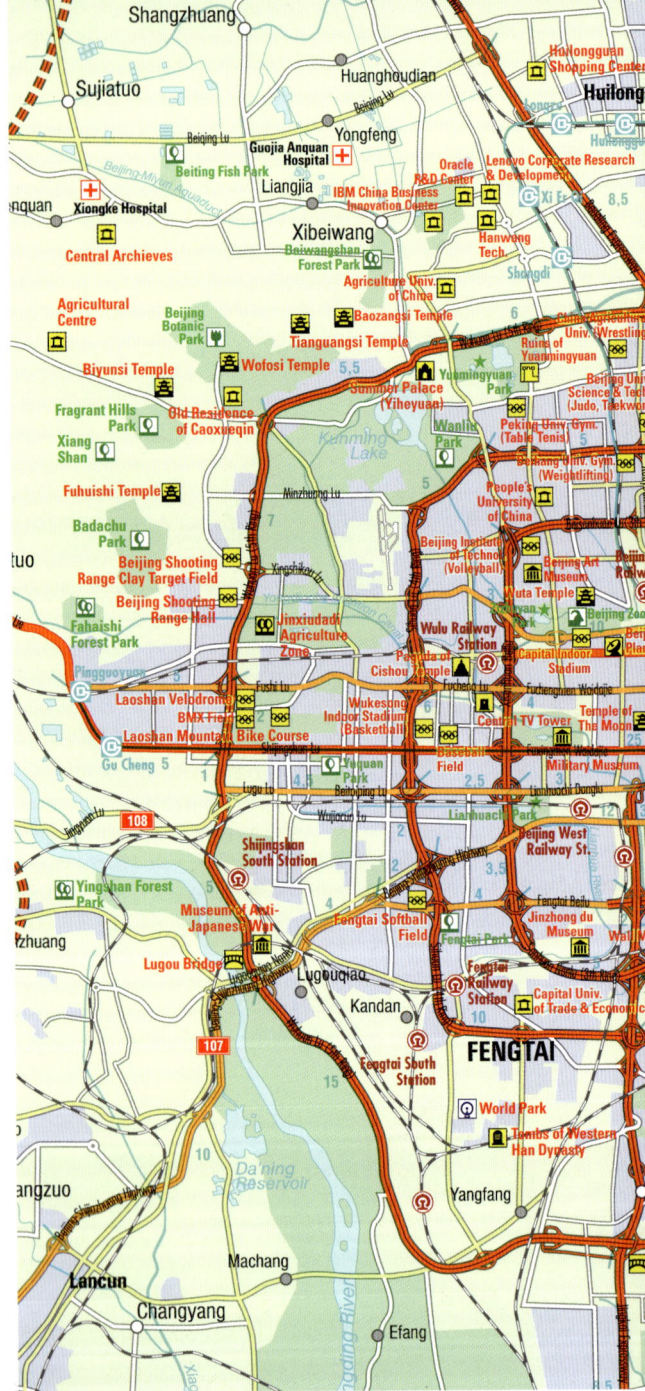

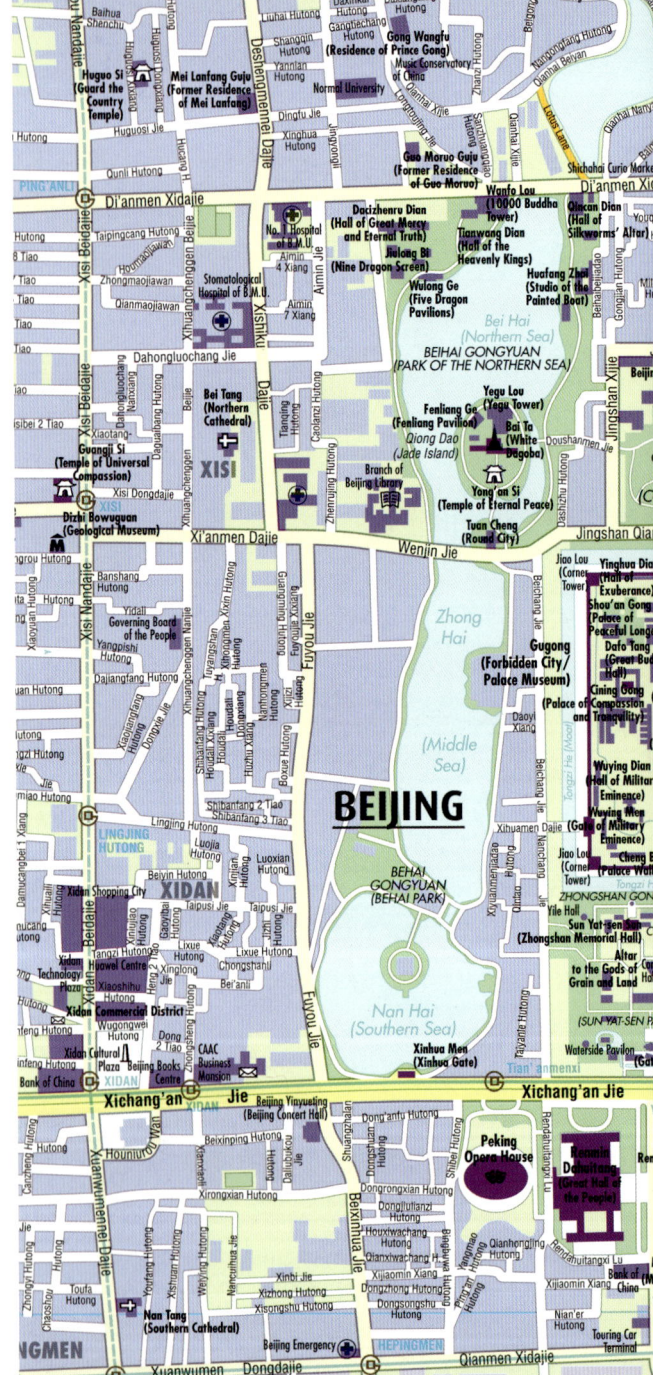

Baihua
Shenchu

Liuhai Hutong

Daxinkai
Hutong

Daxiangfeng
Hutong

Gong Wangfu
(Residence of Prince Gong)

Beijing

Xiangyuantang Hutong

Shangqin
Hutong

Gangtiechang
Hutong

Music Conservatory
of China

Qianhai Beiyan

PING'AN

Deshengmennei Dajie

Xisi Beidajie

Xinjiekou Nandajie

Xihuangchenggen Beijie

Dongzhimenwai Dajie

Huguo Si
(Guard the
Country
Temple)

Mei Lanfang Guju
(Former Residence
of Mei Lanfang)

Normal University

Longtougjing Xije

Qianhai Xijie

Shichahai Curio Market

Huguosi Jie

Dingfu Hutong

Xinghua
Hutong

Guo Moruo Guju
(Former Residence
of Guo Moruo)

Qianhai Nanyan

Lotus Lane

Di'anmen Xidajie

Di'anmen Xic

8 Tiao

Taipingcang Hutong

Aimin
4 Xiang

No. 1 Hospital
of B.M.U.

Dacizhenru Dian
(Hall of Great Mercy
and Eternal Truth)

Wanfo Lou
(10000 Buddha
Tower)

Qincan Dian
(Hall of
Silkworms' Altar)

Youg

Taipingcang Hutong

Zhongmaojiawan

Stomatological
Hospital of B.M.U.

Jiulong Bi
(Nine Dragon Screen)

Tianwang Dian
(Hall of the
Heavenly Kings)

Gongjiar
Hu

7 Tiao

Qianmaojiawan

Aimin
7 Xiang

Wulong Ge
(Five Dragon
Pavilions)

Huafang Zhai
(Studio of the
Painted Boat)

Bei Hai
(Northern Sea)

Tiao

Dahongluochang Jie

BEIHAI GONGYUAN
(PARK OF THE NORTHERN SEA)

Beijing

iao

Dahongluochang
Nancang

Bei Tang
(Northern Cathedral)

Tianling
Hutong

Jingshan Xiije

Dousharmen Hutong

Xisi Beidajie

Beijie

Caolanzi Hutong

Yegu Lou
(Yegu Tower)

Guangji Si
(Temple of Universal
Compassion)

Xitaotang

Dajie

XISI

Zhenwu Hutong

Fenliang Ge
(Fenliang Pavilion)

Bai Ta
(White
Dagoba)

Xisi Dongdajie

Branch of
Beijing Library

Qiong Dao
(Jade Island)

Dizhi Bowuguan
(Geological Museum)

Yong'an Si
(Temple of Eternal Peace)

Xi'anmen Dajie

XISI

Tuan Cheng
(Round City)

Jingshan Qia

Wenjin Jie

Jiao Lou
(Corner
Tower)

Yinghua Dia
(Hall of
Exuberance)

Banshang
Hutong

Zhong
Hai

Benchang Jie

Shou'an Gong
(Palace of
Peaceful Longe)

Yidali
Governing Board
of the People

Guangningbo Xin Xiang

Xihuangchenggen Nanjie

Fuyou Jie

Gugong
(Forbidden City/
Palace Museum)

Dafo Dang
(Great Bud
Hall)

Yangpishi
Hutong

Houtaiping
Hutong

Nanmenchang
Hutong

Xi'anmen

Cining Gong
(Palace of Compassion
and Tranquility)

Dajiangtang Hutong

Tongzi He (Moat)

Daoyu
Xiang

uan Hutong

Xisong

Lingjing Hutong

Xiaoxiangfeng
Hutong

Shibanfang 2 Tiao

Benchang Jie

Wuying Dian
(Hall of Military
Eminence)

gzi Hutong

Houtai Xicang

Shibanfang 3 Tiao

Xihuamen Dajie

Wuying Men
(Gate of Military
Eminence)

miao Hutong

LINGJING
HUTONG

Luoja
Hutong

Xihuamenlu

Nanchang

Jiao Lou
(Corner
Tower)

Cheng B
(Palace Wall)

Beiyin Hutong

Xidan Shopping City

Xinjiang
Hutong

Luoxian
Hutong

XIDAN

Taipusi Jie

ZHONGSHAN GON

Yile Hall

nyang

Lixue Hutong

Taipusi Jie

Xinwen
Technology

Hiaowi Centre

Xinlong

Lixue Hutong

Chongshanli

Sun Yat-sen Gu
(Zhongshan Memorial Ha)

Plaza

Xiaoshihu
Hutong

Be'anli

Altar
to the Gods of Con
Grain and Land

Xidan Commercial District

Wugongwei
Hutong

feng Hutong

Dong
2 Tiao

(SUN-YAT-SEN PA

Xidan Cultural
Plaza

CAAC
Business
Mansion

Xinhua Men
(Xinhua Gate)

Waterside Pavilon

Bank of China

Beijing Books
Centre

XIDAN

Tian'anmenx

Gate

Xichang'an

Xichang'an Jie

Xichang'an Jie

XIDAN

Beijing Yinyuesi
(Beijing Concert Hall)

Dong'anfu Hutong

Peking
Opera House

Renmir
Dehuitang
(Great Hall
of the People)

Ren

Houmian Wan

Beixinping Hutong

Shuangzhan
Hutong

Xuanwumennei Daijie

Taipubucu
Hutong

Shibei Hutong

Dongrongxian Hutong

Dongliulanzi
Hutong

Qianhengling
Hutong

Qianhongling Lu

Renzhuitangxi Lu

Bank of
China

Houxiwachang
Hutong

Qianxiwachang
Hutong

Xijiaomin Xiang

Toufa
Hutong

Xinbi Jie

Nan Tang
(Southern Cathedral)

Xizhong Hutong

Xizongshu Hutong

Dongzhong Hutong

Dongsongshu
Hutong

Xijiaomin Xiang

Bank of IM
China

Chaoshou

Weiyang Hutong

Nian'er
Hutong

Touring Car
Terminal

NGMEN

Xuanwumen Dongdajie

Beijing Emergency

HEPINGMEN

Qianmen Xidajie

BEIJING

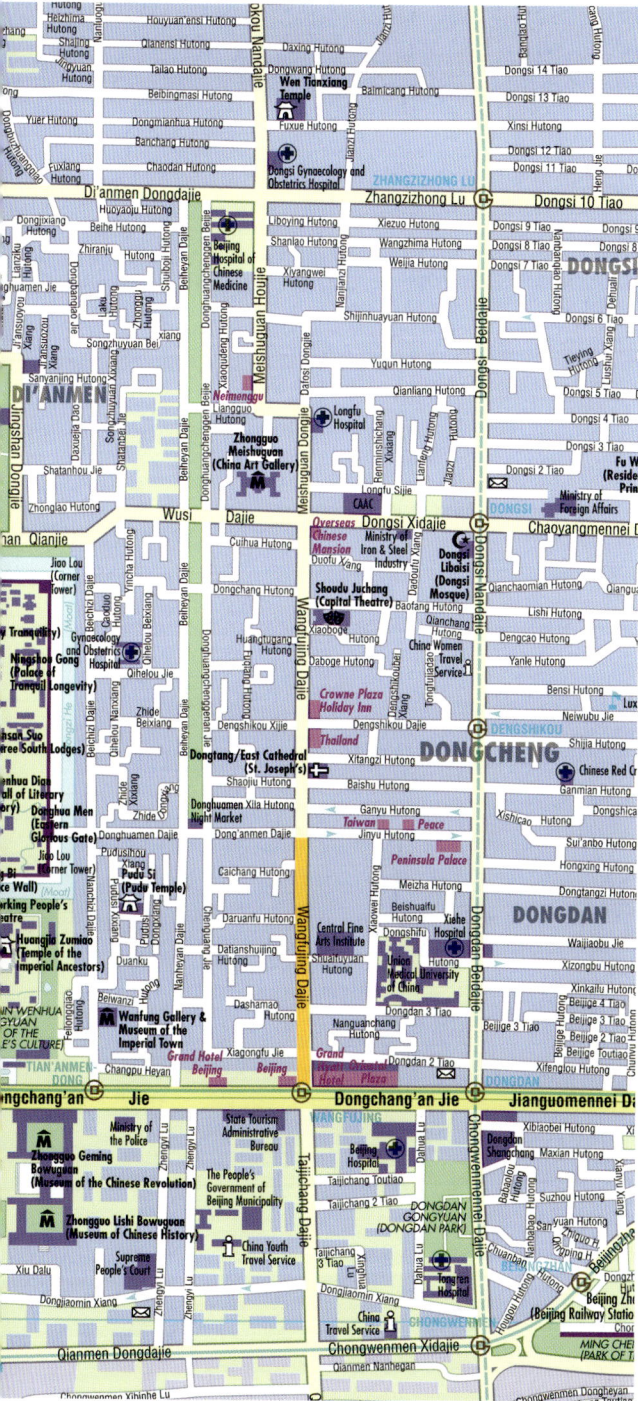

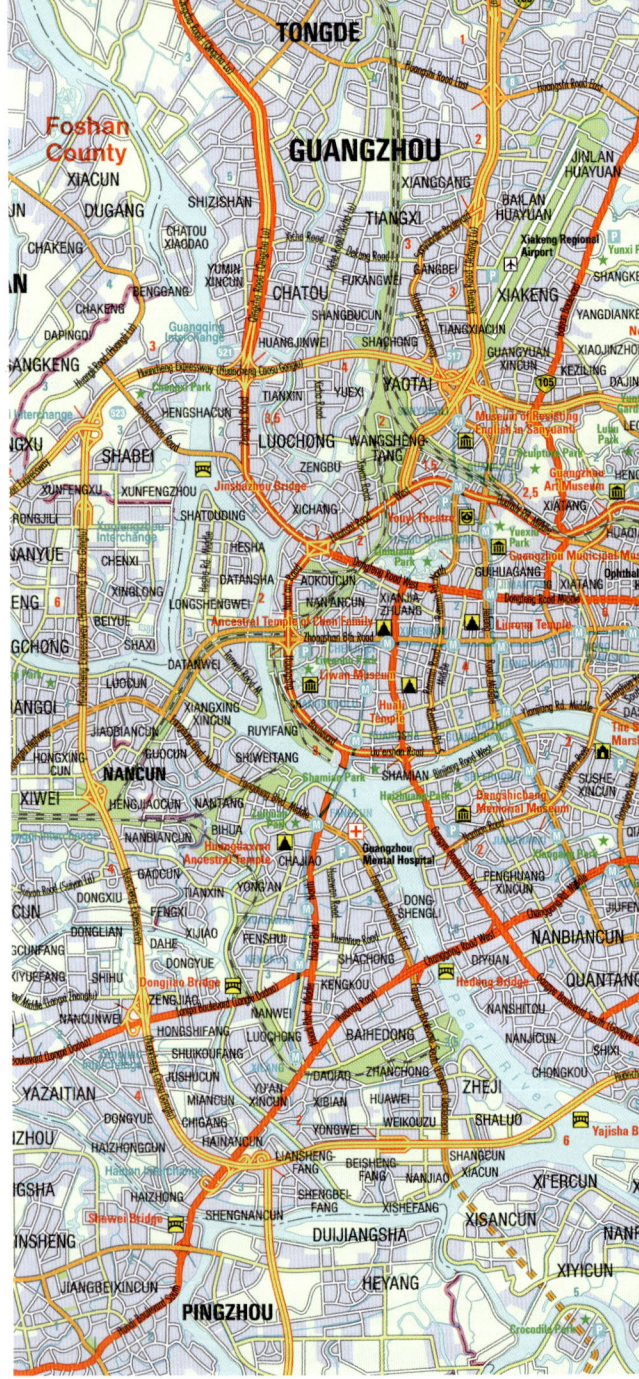

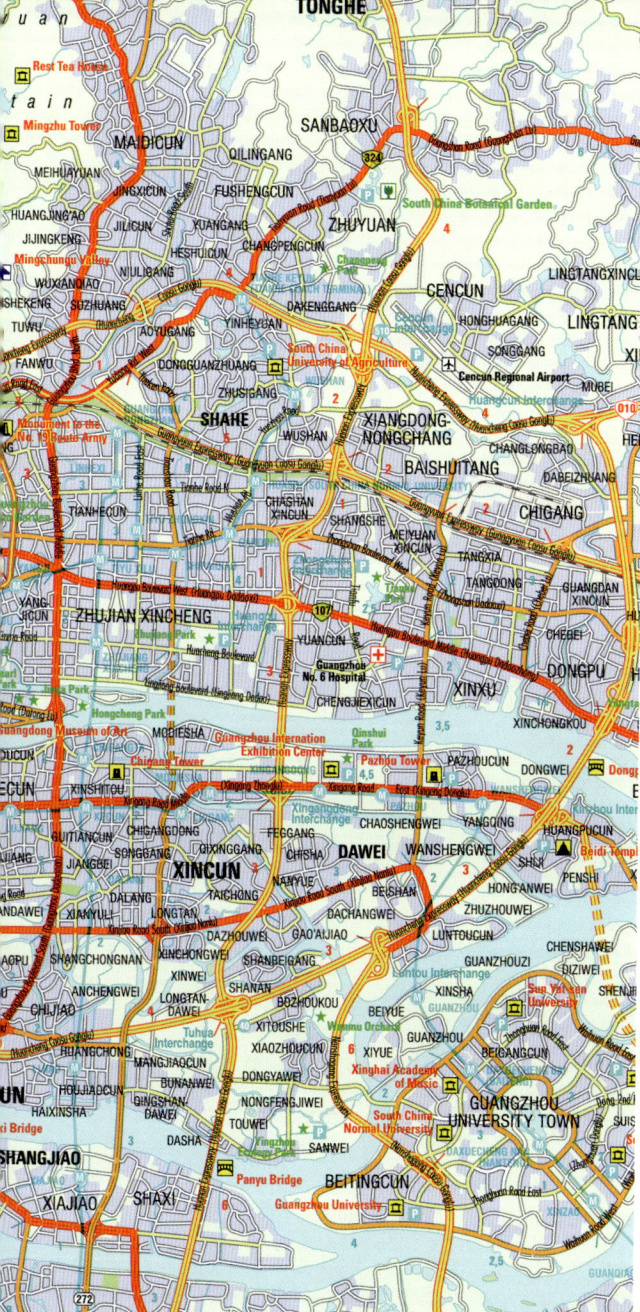

Tianxiang
Department Store

Zhongguo (China)

Dongfang

Museum of the
West Han Dynasty
Mausoleum of Nanyue King

Provincial Tianma
Travel Service

gzhou Medical
ge

YUEXIU GŌNGYUÁN

Statue of Five Rams

PARK

Guangzhou Municipal
Museum

Zhenhai Tower

Yuexiushan People's
Stadium

Sanyuangong Temple

Guangdong
Science Hall

Dr. Sun Yat-sen
Memorial Hall

Playground

Guangdong Provincial
Government

Dongfeng Road Middle

(Dongfeng Zhonglu)

GUANGZHOU

Guangzhou Municipal
Government

Guangdong

JLB-Tower

Haoxian

TV Tower Cultural Cent

Tianx

Tianx

Xiaobei Ro

Bone

xiao
e

Playground

Guangdong
Guest House

Liurong
Temple

PEOPLE'S
PARK

Yuehua Road (Yuehua Lu)

Canton

Xindaxin
Department Store

CHILDREN
AMUSEMENT
PARK

Zhongshan
Light Tower in
Huisheng Temple

6th Road

Zhongshan 5th Road (Zhongshan Wu Lu)

Baihuo Mansion

Hongqi T

Provincial
Relics Sho

Guangzhou
Department Store

Guangzhou Educational College

Nanfang
Theatre

Yeweixiang
(Game) Restaurant

Lidu Grand

Five Immortals
Temple

Huifu Road West (Huifu Xilu)

Huifu Road (Huifu Donglu)

Outpatient Dep. of
Provincial People's Hospital

Zoumu Road

Danan Road (Danan Lu)

Dade Road

Gaodi Street (Gaodi Jie)

cial Traditional
se Medical Hospital

Daxin Road Middle (Daxin Zhonglu)

Guangdong Products
Exhibition Sales Center

Guangzhou

China Travel Service,
Guangdong Branch Huaqiao

Shishi Stone Room
Cathedral (Catholic Church)

Playground

Yide Road East
(Yide Donglu)

Haizhu Square

HAIZHU GUĂNGCHĂNG

Guangzhou

Tianzi W

Yanjiang
Mansion

Yide Road Middle (Yide Zhonglu)

Bank of China
Guangzhou Branch

Middle (Yanjiang Zhonglu)

Zhu Jiang

Jiefang Bridge

Haizhu Bridge

Binjiang Road Middle (Binjia

Ocean Shipp

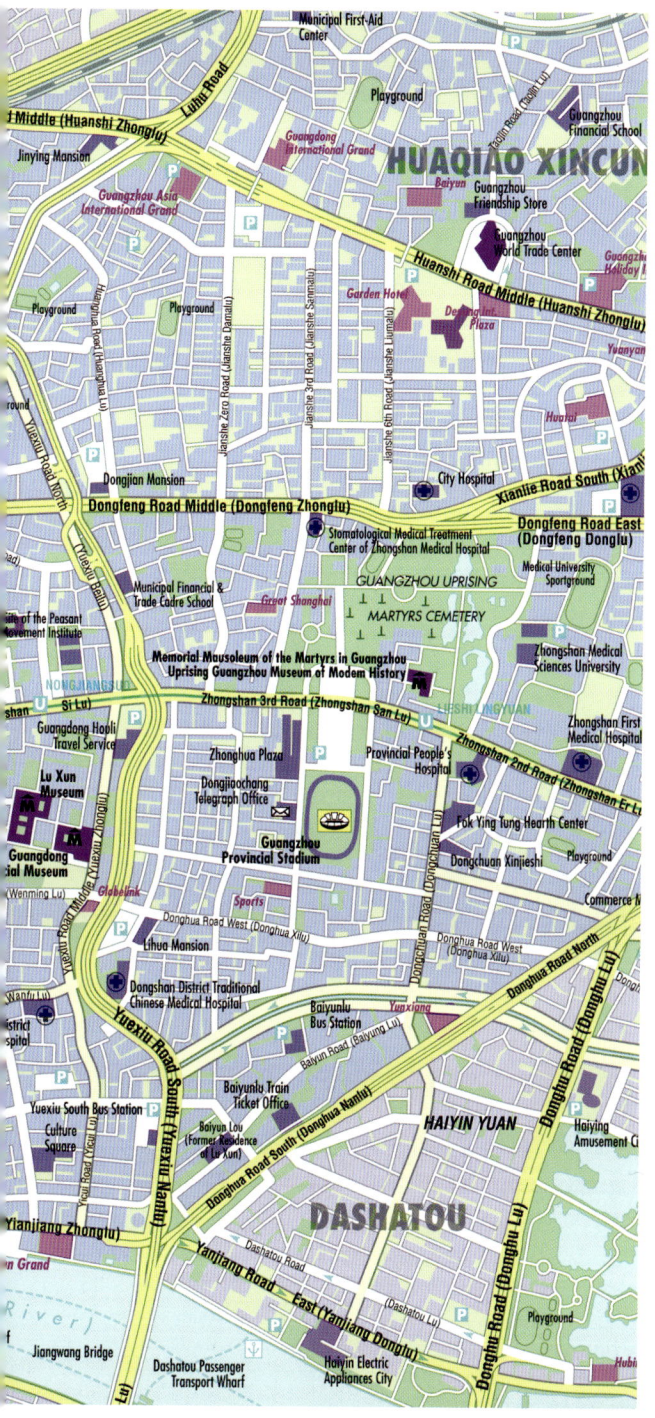

Notizen

Notizen

Notizen